荆楚风味

筵席设计

贺习耀 ◎ 著

北京·旅游教育出版社

序

为它点个赞

·陈光新·

（一）

武汉商学院贺习耀副教授的新作——《荆楚风味筵席设计》，是近年来湖北高校烹饪及食品专业中一本比较好的书。它既是我国首部集中解析湖北风味筵席的专著，又是省厅级科学应用与技术研发类重点项目《节约型餐饮与中餐筵席创新设计研究》（CC14SW02）的阶段性研究成果。

（二）

全书共八章。前两章综论荆楚筵席设计规程，中间四章是荆楚筵席设计实务，后两章是荆楚筵席创新研究，体系基本完备，纲目比较清楚。其中，荆楚民俗风情席设计、鄂东文化主题宴探析、楚宫仿古宴"还原"、武汉高校后勤公务宴试制，写出了不少新意；而武汉商学院荆风楚韵席、楚乡十字花开年年有余席、赤壁盛世华庭茶商宴、"长江浪阔鳙鱼美"宴会、土家族"打三朝"喜筵及伴宴山歌等，亦有旺盛的市场活力。

（三）

本书特点是落脚教学，知行结合。它以百余款特色筵席案例为切入点，根据作者多年教学与科研感悟，再参照经济形势与市场变化，提出荆楚风味筵席创新设计的新思路,这是完全符合当今餐饮发展主旋律的。它的出版,不仅能展示"千年鄂馔史,半部江南食"的华彩乐章,填补"中华世纪席"研究的一些空白,还有利于充实荆楚食文化的内涵,满足人们物质生活和精神生活的新期待。我相信,目前有点"饥渴"的城乡餐饮市场是欢迎它的。

(四)

随着国民生活的日渐富裕,饮食文化成为热门话题,筵宴赏析、挖掘与研制受到不少人青睐。你方唱罢我登场,将"舌尖上的中华"搅了个不亦热乎!但寒夜孤灯悬梁刺股者寥寥无几,以至二十余年前的《中国筵席八百例》《中国筵席宴会大典》至今仍未被超越。老汉我敢说出这些"大实话",实在是因为现如今持之以恒的学问人,"多乎哉,不多也"!

(五)

作为一部耕耘多年的著作,严格地讲,此书还有很多不足之处;与严谨、精深的学科专著相比,远未达到"随心所欲不逾矩"的上乘境界。好在贺老师正值盛年,可以弥补。希盼他努力夯实基础,潜心拓展餐饮市场;不为杂念所困,不为俗务所扰,不为虚名所累,不断有新成果问世,再获更多赞誉。

七十六岁翁草于江城食鱼斋
二〇一六年元旦

前　言

随着时代的发展与进步,人们请客设宴越来越讲艺术、讲科学、讲营养、讲品格。

流行于湖北省及其周边地区的荆楚风味筵席,地方特色鲜明,社会影响深远,但也存有故步自封、品牌缺失、发展后劲不足等弊端;大量散落在湖北民间的风味筵宴没能得以很好地开发与利用;不少特色筵席的研发与推广远不能适应时代发展的新要求。唯有大力从事荆楚风味筵席设计研究,传承荆楚饮膳特色,打造荆楚筵宴品牌,才能更好地满足广大民众的饮食需求和精神期待,大幅提升湖北筵宴的市场竞争力。

为充分发挥传统特色专业优势,努力服务湖北地方经济,武汉商学院以促进湖北餐饮产业发展研究为己任,在"鄂菜传承与发展"研究方面给予了大力支持,并寄以厚望。

为不辜负学校重托,笔者历时数载致力于荆楚风味筵席的教学与研究工作。发表了《湖北三国文化宴设计探析》《湖北黄冈文化主题宴设计研究》等学术论文数十篇;编著了《餐饮菜单设计》《宴席设计理论与实务》等书籍多部;主持完成《湖北民间特色宴席研究》(武汉市教育科学规划项目)《湖北筵席文化研究》(湖北省教育厅人文社会科学研究项目)等科研课题多项;组团研制数十款节约型荆楚风味特色筵席;指导本校学生参加第三届全国高等学校烹饪技能竞赛,参赛作品《荆风楚韵宴席》荣获大赛金奖。

《荆楚风味筵席设计》是我国第一部专门研究湖北地方风味筵席的著作,是四川省教育厅(川菜发展研究中心)科学应用与技术研发类重点项目《节约型餐饮与中餐筵席创新设计研究》和湖北省教育厅人文社会科学研究项目《荆楚风味筵席创新设计研究》的阶段性研究成果。本著作由武汉商学院副教授贺习耀撰写，承蒙中国著名饮食文化专家陈光新教授主审并作序。撰写过程中参考并引用了陈光新、杜莉、丁应林、邵万宽、周妙林等专家的书籍和文献，得到了武汉商学院领导刘萌、王京章、王辉亚、潘东潮、周圣弘及同仁的大力扶持与帮助，获四川省哲学社会科学重点研究基地——川菜发展研究中心和武汉商学院的科研项目学术经费资助，在此表示感谢！

虽然我们一直从事鄂式菜点及荆楚筵席研究工作，在筵席与菜单设计领域承担了多项相关教学科研项目，但由于水平有限，缺点和疏漏在所难免，诚盼各位专家学者提出宝贵意见，以便不断完善中餐筵席的创新设计工作。

作者
2016 年元月于武汉

目　　录

第一章　荆楚风味筵席综论 ·································· 1
　第一节　荆楚风味筵席的母体与根基 ·················· 1
　第二节　荆楚风味筵席的起源与发展 ·················· 6
　第三节　荆楚风味筵席的特色与类别 ·················· 9
　第四节　荆楚风味筵席的结构和要求 ·················· 16

第二章　荆楚风味筵席设计规程 ·························· 21
　第一节　筵席菜品酒水的设计 ··························· 21
　第二节　荆楚风味筵席菜单设计 ························ 32
　第三节　荆楚风味筵席台面与台形设计 ·············· 46
　第四节　荆楚风味筵席生产与服务设计 ·············· 52

第三章　荆楚风味宴会席设计 ······························ 63
　第一节　荆楚风味公务宴设计 ··························· 63
　第二节　荆楚风味商务宴设计 ··························· 68
　第三节　荆楚风味亲情宴设计 ··························· 74

第四章　荆楚风味便餐席设计 ······························ 94
　第一节　荆楚风味家宴设计 ······························ 94
　第二节　荆楚风味便宴设计 ······························ 110
　第三节　荆楚风味团体餐设计 ··························· 114

第五章　荆楚风味著名筵席设计探析 …………………………………… 124
第一节　荆楚风味全鱼席设计探析 …………………………………… 124
第二节　湖北三国文化宴设计探析 …………………………………… 130
第三节　鄂东文化主题宴设计探析 …………………………………… 136
第四节　湖北三蒸九扣席设计探析 …………………………………… 143
第五节　荆楚风味素菜席设计探析 …………………………………… 147

第六章　荆楚民俗风情筵席设计探析 ………………………………… 155
第一节　荆楚民俗筵席的开发与利用 ………………………………… 155
第二节　荆楚民俗风情筵席的设计要求 ……………………………… 157
第三节　荆楚民俗风情筵席设计赏析 ………………………………… 159

第七章　荆楚风味筵席创新设计研究 ………………………………… 179
第一节　荆楚风味筵席改革与创新研究 ……………………………… 179
第二节　楚国宫廷仿古宴创新设计研究 ……………………………… 184
第三节　节约型鄂式筵席创新设计探析 ……………………………… 188
第四节　荆楚风味自助宴会设计研究 ………………………………… 192
第五节　湖北餐饮业筵席创新实践研究 ……………………………… 201

第八章　荆楚风味筵席教学实践研究 ………………………………… 207
第一节　筵席设计课程理实一体化教学研究 ………………………… 207
第二节　武汉商学院筵席设计课程实训作品分析 …………………… 214
第三节　全国技能竞赛荆风楚韵筵席之创意设计 …………………… 219
第四节　武汉高校后勤集团校园接待筵席研制 ……………………… 225

附录一　作者相关论文索引 …………………………………………… 231

附录二　作者研究项目一览 …………………………………………… 234

参考文献 ………………………………………………………………… 236

第一章　荆楚风味筵席综论

荆楚风味筵席,又称鄂式筵席,是指流行于荆楚大地及其周边地区,具有深远历史渊源、广泛社会影响和鲜明特色风味的筵宴。此类筵席按照荆楚民众的聚餐方式、社交礼仪和审美观念设计与制作,它是荆楚风味菜品的组合艺术、湖北饮馔风情的表现形式、荆楚民众从事社交活动的重要工具。

第一节　荆楚风味筵席的母体与根基

荆楚风味筵席是鄂菜的重要组成部分和主要表现形式,是几千年荆楚饮食文化的积累和总汇。其产生与发展,离不开鄂菜这一母体的哺育,其成长与壮大,离不开荆楚大地这一根基的滋润。

一、荆楚风味筵席的母体——鄂菜

由于地理环境、气候物产、文化传统、宗教信仰及民族习俗诸因素的影响,几千年以来,我国饮食体系中形成了若干个具有一定亲缘承袭关系、菜品特色风味相异、知名度高、影响力大的地方风味流派。其中,最具代表性的"十大风味流派"(即"十大菜系")是鲁菜、苏菜、粤菜、川菜、浙菜、闽菜、徽菜、湘菜、京菜和鄂菜,它们各具风韵,各有千秋。

鄂菜,又称楚菜、荆菜、湖北菜或荆楚风味饮食,是一个以湖北地方膳食为主体的饮食风味体系。这一饮食体系品类齐全、特色鲜明、历史悠久、知名度高;它哺育着荆楚风味筵席的成长与壮大。

(一) 鄂菜的发展概况

鄂菜起源于春秋时期楚国的都城郢都(今湖北江陵县),孕育于荆江河曲,拓展到汉水流域、鄂东南丘林和鄂西山区,距今约有2800年历史。

鄂菜的发展初期值春秋战国时期,当时楚国的农耕渔猎和养殖技术为鄂菜提供了丰富的原料。楚国的青铜器和漆质餐具、品种丰富的菜肴和特色鲜明的饮食习俗,营造出独特的荆楚饮食文化氛围,使得鄂菜在萌芽阶段就深深根植于荆楚大地,在人杰地灵的土壤中孕育成长。其后历经汉魏六朝、隋唐宋元和明清三个发展时期,逐步形成了日渐成熟的鄂菜。名家诗云"千年鄂馔史,半部江南食",正是鄂菜源远流长的真实写照。

历史上的鄂菜曾是"南菜"的典型代表,一度影响着整个长江流域和岭南地区。据专家考证,春秋战国时期,我国饮食出现了南北风味分野。"北菜"以秦、豫、晋、鲁为中心,活跃在黄河流域;"南菜"以荆、楚、吴、越为主体,波及长江流域。作为"南菜"的典型代表,鄂菜(楚菜)的特色是水鲜中杂以异馔,鲜咸中辅以酸甜,其代表作品便是爱国诗人屈原在《招魂》中所描述的楚国招魂宴。

现今的鄂菜是由楚菜、荆菜演化而来,它以湖北本土为主,传播到京、沪、台、穗和相邻省区,并以山野资源之丰盈、淡水鱼馔之鲜美而享誉中华食坛。

特别是20世纪80年代至21世纪初,鄂菜在继承传统特色的基础上不断创新发展,积极奉行"优化母体、致力嫁接"以及"走出去"战略,从整理古籍、传承精品、大兴研发、力举创新、开展交流、打造品牌,到"中西合璧"提升品质、"南进北上"拓展领域,极大地推动了荆楚饮食文化的传播和发展,使得荆楚风味饮食在中国餐饮界具有较大的知名度和影响力。

(二) 鄂菜的分支流派

荆楚风味饮食枝繁叶茂,影响深远。依据近年来有关专家和行业大师的研究成果,它主要由汉沔风味、荆南风味、襄郧风味、鄂东南风味和恩施土家族山乡风味五大支系构成。

1. 以古云梦泽为中心的汉沔风味

具体包括武汉、孝感、仙桃（古称沔阳）等地，以武汉三镇为中心。选料严谨，制作精细，擅长烹制大水产（水产业中专指体型相对较大的淡水鱼鲜和水生植物），尤以"蒸菜"和"煨汤"见长，米制品汉味小吃颇具特色，菜肴口感柔嫩滑爽，口味鲜香微辣，被誉为"湖北菜之精华"。代表名菜有沔阳三蒸、红烧鮰鱼、瓦罐煨鸡汤、清蒸武昌鱼、腊肉炒菜薹、炸藕夹、珊瑚鳜鱼、黄陂烧三合、排骨煨藕汤等。

2. 以荆江河曲为中心的荆南风味

具体包括荆州、荆门、宜昌等地。此地为湖北菜的发祥地，擅长烹制小水产（水产业中专指体型相对较小的淡水鱼鲜和水生植物），习惯于鸡鸭鱼肉蛋奶合烹，尤以鱼糕、鱼圆著称，菜肴芡薄爽口，咸鲜微辣，乃"湖北菜之正宗"。代表名菜有菊瓣鱼氽、荆州鱼糕、皮条鳝鱼、冬瓜鳖裙羹、蟠龙菜、龙凤配、江陵千张肉、鸡汁笔架鱼肚、钟祥蟠龙、鸡泥桃花鱼等。

3. 以汉水流域为中心的襄郧风味

具体包括襄阳、十堰、随州等地，以肉禽菜品为主，杂以淡水鱼鲜和神农架山珍，精通扒烧熘炒炸，擅长制作野味菜。菜品入味透彻，口感偏重，汤汁较紧，软烂而有回味。代表名菜有夹沙甜肉、蜜枣羊肉、长命粉蒸肉、襄阳缠蹄、油焖槎头鳊、武当猴头、太和鸡等。

4. 以鄂东丘原为中心的鄂东南风味

具体包括黄石、黄冈、咸宁等地，擅长加工粮豆蔬菜和畜禽野味，烧炸煨烩功力深厚，主副食结合的肴馔极具家常特色，用油宽，火功足，口味略重，经济实惠。代表名菜有黄州东坡肉、金包银、银包金、煎糍粑鱼、板栗烧仔鸡、黄州豆腐、蜜汁甜藕、鄂南石鸡、炉烤春鱼等。

5. 以鄂西南山地为中心的土家风味

具体包括恩施土家族苗族自治州以及宜昌市鹤峰土家族自治县、长阳土家族自治县等地区，重用山珍野味和杂粮山菜，擅长烹制熏腊制品，工艺古朴粗放，调味单纯简洁，菜式奇异，装盘丰满，带有原始宗教食风的遗痕。代表名菜有小米年肉、凤姜鸭、清蒸天麻鸭、公婆饼、榨广椒炒腊肉、腊蹄子火锅等。

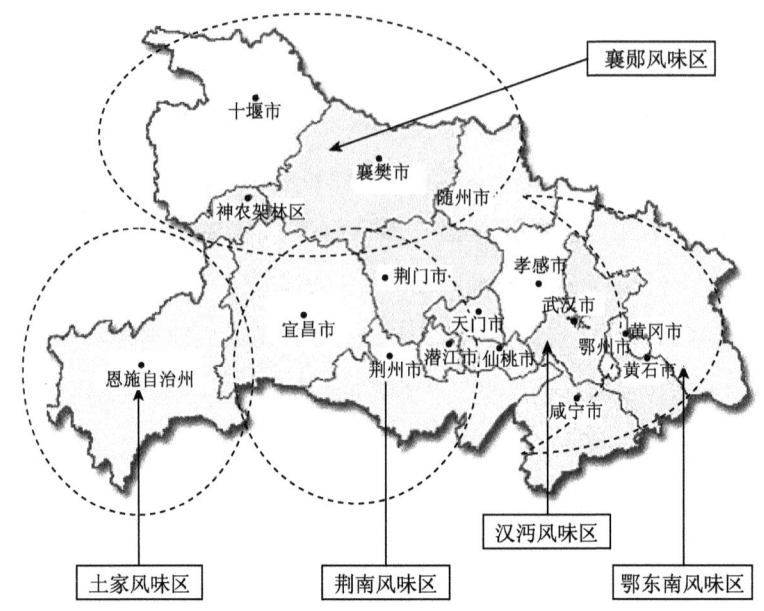

图 1-1　荆楚风味饮食分支示意图

(三) 鄂菜的主要特色

与其他地方风味流派相比,荆楚风味饮食的水乡特色十分鲜明。

在食物原料方面,鄂菜拥有丰富的淡水资源和山野资源。湖北坐拥两江,号称"千湖之省""鱼米之乡",淡水资源十分丰富,素有"鄂菜因水而昌"之说法。鄂西地区重峦叠嶂,气候宜人,山野资源众多,营养价值极高。

在制作工艺方面,鄂菜注重运用蒸、煨、烧、炸、炒等技法,习惯于鸡鸭鱼肉蛋奶蔬果粮豆合烹,米制品小吃众多,鱼糁技术冠绝天下。

在菜品款式方面,湖北菜拥有一大批名菜、名点(含小吃)和名筵席。鄂菜常见的菜品达3800余款,其中传统鄂式菜点500余道,著名风味菜点百余款,特色筵席数百种。

在特色风味方面,九省通衢的地理位置使得鄂菜以荆楚风味为主,兼容百家之长,菜肴汁浓芡亮,口味鲜醇,重本色,重质地,为四方人士所喜爱;受楚文化的影响较深,富于鱼米之乡的饮馔风情,反映出"九省通衢"的都市文化风格。

关于鄂菜的饮馔风情,湖北省商务厅主编的《鄂菜产业发展报告2013》曾试图将其总结为:"钟情山水,擅长蒸煨,鲜香微辣,健康品位。"这是一个新提法,扩展开说:鄂菜选料考究,工艺精致,擅长于蒸、煨、烧、炸、炒,习惯于鱼肉蛋奶蔬果粮豆合烹;鲂、鲴、龟、鳝等淡水鱼鲜名满天下,煨汤、蒸菜、肉糕、圆子等地方名馔众口皆碑,水生蔬菜风姿各异,山珍野味四季飘香;菜品原汁味浓,鲜香微辣,南北兼容,浓淡适中,味养兼备,经济实惠。

二、荆楚风味筵席的根基

荆楚风味筵席是鄂式菜点、荆楚茶果及各式酒水的艺术组合。它强调选用优质原料,运用精湛技艺,制出美味佳肴,辅以隆重礼节,用以表达荆楚民众的真情挚谊。它的产生、发展与壮大,既得益于鄂菜这一母体的哺育,又离不开荆楚大地这一根基的滋润。

关于荆楚风味饮食(含荆楚风味筵席)的根基,鄂菜文化研究的开创者陈光新教授在其策划主编的大型礼品画册《中国鄂菜》前言中作出过如下精辟的论述:

从地理位置看,湖北位于华夏之腹心,"六山一水三分田"。大巴、武当、大别诸山护卫着坦荡肥美的江汉平原;长江、汉水贯通全境,洪湖、洞庭湖镶嵌东南。这里渠港交织,水网密布,是名副其实的"千湖之省"。这为荆楚风味筵席的产生与发展创造了条件。

从物产资源看,湖北地处北亚热带,四季分明,雨量充沛,适于农林牧副渔全面发展,自古就是"湖广熟,天下足"的鱼米之乡。众多的鱼鲜、粮豆、牲畜、禽蛋、蔬果和山乡野味,是荆楚风味筵席兴盛的物质基础。

从文化传承看,湖北是楚文化的发源地。强楚绵延近千年,排在春秋五霸、战国七雄前列,《楚辞》蜚声世界文坛。汉代的荆州是江左大镇,至唐又定为陪都,宋元时的黄州文士云集,明清的武昌更为文化中心;现今的湖北英才荟萃,自古至今"唯楚有才"。这些都是荆楚风味筵席兴盛的动力。

从商业发展看,湖北"南援三州,北集京都,上控陇坂,下接江湖",是内地最大的水陆交通枢纽和物资集散中心。战国的郢都,为南方第一都会;汉魏的黄州,为日进斗金之地;宋元的武昌,"烛天灯火三更市";明清的汉口,曾列为"天下四大镇"之一;近代的武汉,更是中部地区的特大都市。至于南襄隘道襄樊、川鄂咽喉宜昌、鄂东良港黄石以及轻工业城市荆州,商埠无不繁华,这为荆楚风味筵席提供了广阔的市场。

此外,东湖、赤壁、黄鹤楼、西陵峡、五祖寺、古隆中、武当山和神农架等名胜古迹,也都从气质上对荆楚风味筵席加以熏陶,使之更为秀美,更具特色。

总体说来,得天独厚的自然环境、物产丰饶的鱼米之乡、源远流长的荆楚文化、九省通衢的繁华都会,都是荆楚风味筵席成长壮大的深厚根基。

第二节 荆楚风味筵席的起源与发展

荆楚风味筵席大约出现在 2800 年前。它因鄂菜的发展而产生,随着鄂菜的兴盛而壮大。其总的趋势是由少到多,由粗到精,由拙到巧。

一、荆楚风味筵席的起源

早在鄂菜产生与发展的第一个阶段——楚菜阶段,历经西周初年到战国末期约 800 年的演变,荆楚筵席就因为祭祀活动及宫室起居等的影响,在各种礼俗的熏陶下,逐步形成了初具特色的筵宴格局。

当时的楚国纵横 5000 余里,其农耕渔猎和养殖技术为荆楚筵席的诞生提供了丰富的原料支撑;以楚人先祖——祝融部落的原始农业文化为主源,以华夏文化和蛮夷文化作为干流和支流的楚文化勃兴,为荆楚筵席的发展注入了活力。当时的荆楚筵宴主要表现出四大特色：第一，以发达稻作农业和丰富水产资源作为烹调基础；第二，拥有先进的青铜炊具九鼎八簋和冰鉴，菜品较为精细；第三，"甘衣好食"，烹调意识强烈，筵宴质量居于全国最高水平；第四，初步形成崇火尊凤、重巫好祀、尚左尚赤的宴乐食风。此时的楚菜已是长江流域肴馔的典型代表，著名的楚宫筵席在屈原的《招魂》《大招》中均有详尽描述。

二、荆楚风味筵席的发展

鄂菜发展的第二个阶段是荆菜阶段。主要活跃在从秦朝初年到南北朝末期的古荆楚地区，地理范围相对缩小，时间跨度约800年。

这一时期，由于黄河流域文化与长江流域文化相互融合，中华民族进入炎黄同尊、龙凤呈祥的新时代；加上汉魏群雄逐鹿和南北朝长期争战，人口迁移，各族交往频繁，古荆州一带城市飞速发展，这给荆菜及荆楚筵席的发展注入了新的活力。当时荆楚筵宴的发展主要呈现出四大特色：第一，蔬菜和畜禽广为利用，铁制锅釜提高了烹调效率，髹漆餐具提升了筵宴品质；第二，烹调工艺出现重大变革，植物油等新型调味品不断出现，荆襄小吃应用于筵宴之中；第三，荆楚民间年节聚会繁多，以《荆楚岁时记》为代表，年节筵席及岁时食俗形成体系；第四，"武昌鱼"等地方名菜脱颖而出，荆楚筵宴出现了"领衔菜品"，并为地方特色筵席的诞生奠定了基础。

三、荆楚风味筵席的昌盛

隋唐宋元至明清两代，是鄂菜发展的第三个阶段——古典鄂菜阶段。其地理范围继续缩小，主要活跃在古鄂州地区及湖广行省、湖广左司等地，时间跨度约1300年。及至清初湘鄂两省分治，风味特征相近、自古同属一体的鄂式与湘式筵席便出现了分离。

隋初至清末，是中国封建社会的中晚期，其间国力昌盛，经济跃升。素有"鱼米之乡"的荆楚大地得天时、享地利，其饮食文化跃居到新的高度，以淡水鱼鲜菜品为主体的地方风味筵宴基本定型。荆楚风味筵宴特色主要表现为：第一，飞潜动植皆可入馔，以"武昌鱼"为代表的3000多种地方名食可组配形成系列荆楚筵宴；第二，五祖寺禅宗斋菜、武当山全真道菜、钟祥兴王府御菜、黄州东坡菜、竟陵文士菜、蕲春药膳菜、天门茶膳菜和江陵满汉菜纷纷推出，不断扩充荆楚筵宴的内涵；第三，汉沔风味筵席、荆南风味筵席、襄郧风味筵席、鄂东南风味筵席出现分野，地方筵宴的风味特色日益鲜明，荆沙鱼糕、黄陂三合、沔阳三蒸、黄州鱼圆、瓦罐鸡汤等筵席菜品脍炙人口，享誉民间；第四，武汉、沙市、宜昌、襄樊、黄州等地的宴饮市场兴隆，出现了老大兴、老会宾、聚珍园、大中华等经营鄂式筵席的中华老字号，荆楚风味筵席的生产与营销进入黄金期。

四、荆楚风味筵席的鼎新

鄂菜发展的第四个阶段是现代鄂菜阶段。其基本地理范围稳定在湖北全境及其周边地区，时间跨度为从辛亥革命至今100余年。

此时的中国由半封建、半殖民地社会向社会主义初级阶段转化，湖北也处于激烈变革之中。一方面，自湖北建省以后，鄂菜继续秉承"因水而昌"的优势，将"水产为本、鱼菜为主"发扬光大，使淡水鱼菜更为精绝，荆楚筵席更具特色；另一方面，古典鄂菜在鲁、苏、川、粤四大菜系的夹击下，兼收并蓄，锐意革新。

现今鄂菜的实际流传面积约60万平方公里，食用人口超过1亿。除湖北本省外，主要播布于河南、陕西、安徽、江西、湖南、重庆、四川等周边省市区。

作为荆楚饮食的重要组成部分，荆楚风味筵席随着鄂菜的发展而不断变化。据调研数据统计：目前，鄂式特色筵宴达数百种，筵席菜品近3000款。2012年，湖北省全年餐饮业零售额突破1000亿元，武汉餐饮业年销售额达317.8亿元，荆楚地方风味筵席占全省餐饮年销售额的52.6%左右。2013年，湖北省全年餐饮业零售额突破1200亿元，鄂菜在武汉市、宜昌市、襄樊市等三大主要城市餐饮市场占有70%～80%的份额，荆楚地方风味筵席占全省餐饮年销售额的51.7%左右，其主体地位优势明显。

此外,在湖南、河南、江西等周边地区,由于居民饮食习惯和口味特点有较多相似之处,鄂式筵席的餐饮市场占有率达2%~4%,故其发展前景可观。

第三节 荆楚风味筵席的特色与类别

荆楚风味筵席既不同于日常膳饮,又有别于普通的聚餐,它同时具备聚餐式、规格化和社交性这三个鲜明的特征。并且与其他地方风味筵席相比较,其自身特色相当明显,分支构成各不相同。

一、荆楚风味筵席的风味特色

荆楚风味筵席主要由丰盛大方的鄂式菜肴、风姿各异的面食点心及产自荆楚大地的各色酒水果品构成。与其他地方风味筵席相比较,其风味特色主要表现如下。

(一) 擅长运用本地食源,汲取国内外饮食精髓

俗语说:"靠山吃山,靠水吃水"。荆楚风味筵席的原料多以"水产为主,鱼菜为本"。湖北的淡水鱼鲜,出产充足,物美价廉,其"十大鱼鲜"——鳊鱼、鲴鱼、青鱼、鳜鱼、鳢鱼、鲫鱼、鳡鱼、鳝鱼、甲鱼和春鱼,能烹制出数百款菜式,可组配成几十种鱼宴。例如,三楚百鱼宴、老大兴园鮰鱼宴、大中华酒楼武昌鱼席、江陵鳝鱼全席、沔阳鳜鱼全席等,食客无不一品为快。

除淡水鱼鲜之外,肉畜、禽蛋、粮豆、蔬菜以及各地的土特原料也非常丰富。湖北著名的特产原料,东部有"萝卜豆腐数黄州,樊口鳊鱼鄂城酒,咸宁桂花蒲圻茶,罗田板栗巴河藕",西部有"野鸭莲菱出洪湖,武当猴头神农菇,房县木耳恩施笋,宜昌柑橘香溪鱼"。此外,洪山菜薹、云梦鱼面、笔架山鮰鱼肚、黄孝老母鸡、沙湖双黄盐蛋、梁子湖螃蟹、黄梅蔡龟、潜江龙虾、蕲春鲢鳙、郧巴黄牛、监利生猪、武湖银鱼、随州蜜枣、孝感荸荠、襄阳槎头鳊、荆江麻鸭、新洲口蘑、江陵

白鱼、恩施富硒茶、孝感米酒、黄梅蒿芭、沙市独蒜、鄂西斑鸠、广济生姜、京山贡米等也各具特色。经过合理的组配与烹制,它们常常被应用于荆楚风味筵席中。

随着时代的发展与进步,奋发图强的荆楚风味筵席更加注重利用湖北九省通衢的便利条件,以其广收博取的巨大胸怀,不断汲取国内外饮食精髓,努力发展壮大自己,力图赶超川式、苏式及粤式筵席。

(二)强调本土制作技法,注重合理取舍物料

湖北厨师操办筵席,最拿手的烹调方法是蒸、煨、烧、炸、炒。其中,尤以蒸煨菜式的应用最为广泛,当地素有"无席不用蒸菜""无汤不排酒宴"之讲究。每逢规模较大的喜庆酒宴,厨房都要准备特大的蒸笼和众多的扣碗,厨师们也乐意大量使用蒸菜,一来轻车熟路,筵席的质量有保障,二来方便省事,有利于掌控上菜节奏。像襄樊的三蒸九扣席、仙桃的八肉八鱼席、郧阳的十大碗席、武汉的四喜四全席,无一不以蒸菜为主导。湖北筵席中安排煨菜,更为湖北民众所青睐。鸡、鸭、鸽、龟、鳖、蛇、兔、排骨、蹄髈、肚片、蹄花、牛瓦沟,只要使用瓦罐(或瓦缸)煨制,立马便能渲染宴饮气氛。特别是一些正式的宴会席,汤菜(煨炖为主,多用作座汤)必须单独排列,常被视作正菜完毕的标志,用以引起就餐者的重视。

除习用蒸、煨等烹制技法外,湖北厨师还擅长合理取舍物料,喜欢将多种原料进行合烹。制作同一菜肴,若有几种原料可供选择,首先考虑的是使用哪种原料最合理。对待规格相近的原料,通常是根据市场行情和人们的饮食习惯,择优选用。为降低办宴成本,合理调配每一菜肴,当地的师傅经常采用如下方法:第一,灵活变更主配料的用量,适当增加素料的比例。譬如麻城的三道面饭席,选料大多就地取材,荤素搭配,以素为主,汤菜并重。一款羊肉火锅,萝卜为主,羊肉居次,主人设宴造价低廉,客人吃酒轻松愉快。第二,大量使用成本低廉且能烘托席面的菜品。例如鄂西三菇六耳席中的甜菜"银耳马蹄羹",虽然用料普通,成本极低,但它甜润适口,美观大方,能使酒宴显得丰盛大方。第三,合

理运用边角余料,注意统筹兼顾、物尽其用。例如,襄郧地区的农家宴,东家买回一只猪后腿,分档取料以后,肥的做"夹沙甜肉",瘦的炒"鱼香肉丝",肥膘炼油炒素菜,骨头加萝卜煨汤,猪皮晒干后可以油发,所剩的碎块、筋膜剁细后,用来制肉茸。第四,擅长制作肉茸、鱼茸制品,习惯鸡鸭鱼肉蛋奶蔬果粮豆合烹。鱼丸、肉丸等肉茸制品,经济实惠,美观大方,它是汉沔风味筵席中的必备菜肴,多由鱼、肉、蛋、粉等原料按照不同比例制作而成。这类菜肴烹调工艺精严,质量标准固定,是评判筵席质量及厨师水平的重要标尺。

(三)名菜美点繁多,楚乡风情浓郁

荆楚风味筵席的菜品,多由风味独特的鄂式菜点所构成,其主要特色是汁浓、芡亮、口鲜、味纯,富有鱼米之乡的饮馔气息。其中,汉沔风味筵席以烧烹大水产和煨汤而著称,善于调制禽畜和蔬果。特别是武汉风味筵席,它吸取了鲁川苏粤筵席之长处,讲究刀工火功,精于配色造型,蒸煨菜式在筵席中应用甚广。荆南风味筵席擅长烧炖野味和小水产,用芡薄,味清纯,注重原汁原味,淡雅爽口。襄郧风味筵席以畜禽为主料,杂以鱼鲜,精通烧焖熘炒,入味透彻,汤汁少,软烂酥香。鄂东南风味筵席以加工粮豆蔬果见长,讲究烧炸煨烩,特色是用油宽、火功足、口味重,具有朴实的民间特色。

据统计,荆楚风味筵席上的常见菜品有 3000 余种,点心小吃 400 余种。就其著名品种而言,冷菜有卤味双拼、熏瓦块鱼、沙湖皮蛋、烟熏白鱼、手撕腊鱼、糖醋油虾、蒜泥藜蒿、芝麻香芹、姜汁黑木耳等;山珍野味菜有红烧野鸭、黄焖甲鱼、酱炙石鸡、蒜瓣焖兔肉、辣子田鸡腿、虫草炖金龟、酱渍土龙虾、清蒸螃蟹、葱头炒斑鸠等;肉畜菜有黄焖肉丸、江陵千张肉、螺丝五花肉、钟祥蟠龙、黄州东坡肉、夹沙甜肉、虎皮蹄髈、沔阳三蒸、黄陂三合、腊鱼烧肉等;鱼鲜菜有荆沙鱼糕、红烧鮰鱼、碗烧青鱼、菊花财鱼、油焖槎头鳊、油爆鳝丝、双黄鱼片、鸡茸笔架鱼肚、马鞍鱼乔、珊瑚鳜鱼、飞燕全鱼、阳新春鱼、剁椒蒸鱼头、煎糍粑鱼、才鱼焖藕、鸡泥桃花鱼等;禽蛋菜有母子大会、板栗烧仔鸡、五香葱油鸭、江城酱板鸭、楚乡辣子鸡、油淋鹌鹑、网油八宝鸡腿、椒盐蛋角、家常凤翅等;汤菜有排骨煨藕汤、瓦罐煨鸡汤、冬瓜鳖裙羹、汤汆鮰鱼、橘瓣鱼汆、野菌鸡汁汤、橘羹汤圆、双元汤、鱼头豆腐汤、参芪乳鸽汤、砂锅牛尾汤、芸豆肚片汤、腊猪蹄锅仔、杏元炖水鱼等；蔬果菜有腊肉炒菜薹、金钱藕夹、地菜春卷、黄州豆腐、三姑守节、桑门香、蜜汁猕猴桃、拔丝红菱、粉蒸南荠、油焖双冬、植蔬四宝、清炒藜蒿等；面食点心有"老通城"豆皮、"四季美"汤包、"谈炎记"水饺、"五芳斋"汤圆、"老谦记"豆丝、"蔡林记"热干面、孝感米酒、武汉苕面窝、黄州甜烧梅、荆州八宝饭、宜昌冰凉糕等。它们不但特色鲜明，而且适应面广，对湖北及周边省区的民众有着极强的亲和力和凝聚力。

（四）筵席结构简练，宴饮气氛热烈

荆楚风味筵席按其宴饮特性及接待规格可分为两大类别，一是正式的宴会席，二是简式的便餐席。宴会席气氛浓重，注重档次，其排菜格局通常是：冷菜—热菜—汤菜—点心—水果。这类筵席多流行于武汉、宜昌、襄阳、荆州、黄石等大中城市，接待规格较高。便餐席不属于正式宴会，其特点是排菜不必成龙配套，宴饮趋向灵活自由，适于接待至亲好友，可以畅述亲情友情。这类筵席既经济实惠，又轻松活泼，应用范围相当广泛。

例如仙桃八肉八鱼席，它是湖北荆州地区的民俗酒筵，以仙桃市为主要流行区。其制是每桌10道菜，由8斤肉8斤鱼作主料调制而成。通常是瓜子、红蒸鱼、炒菜、鱼圆子、八宝饭、扣鸡、冰糖白木耳、油炸酥鱼、扣肉、肉圆子（每盘30个，又大又泡酥，每个重约150克，每位客人各取3个带走）等菜。这类筵席的最大特点是菜式简练，蒸扣为主，又吃又带，轻松愉快，体现出沔阳一带"无菜不蒸""省己待客"的饮膳风情。

湖北黄麻地区，虽是贫困的山乡老区，但其宴饮气氛热烈。红安、麻城的居民朴实豪爽、热情好客，他们请客设宴（如麻城三道面饭席），重气氛，讲实惠。选料大多就地取材，调理注重荤素兼备，排菜强调汤菜并重，宴饮追求以乐佐食。一场婚庆宴，洋洋洒洒几十桌，只需一头猪，几十斤鱼，另加一些当地的物产，选三两个乡厨办酒，派自家亲属跑堂，请一乡村乐队助兴，三天九餐，欢快而又热闹。

二、荆楚风味筵席的主要类别

在湖北的城镇和乡村,遍布着风味独特的各式筵席。如按不同的方式进行归类,荆楚风味筵席可分出若干类别。

(一)按筵席特性及商品属性分类

按照筵席特性及商品属性的不同,荆楚风味筵席有公务宴、商务宴、亲情宴等鄂式宴会席和家宴、便宴、团体餐等鄂式便餐席之分。

鄂式宴会席的特点是形式典雅,气氛隆重,注重档次,突出礼仪。每桌人数固定,席位多是主人事先排定,也可由宾客相互推让就座。整套菜品由酒水、冷碟、热炒、大菜(包括汤菜)、点心和水果组成,以热菜为主。上菜讲究程序,宴饮重视节奏,服务强调规范;适合于操办喜事、欢庆节日、洽谈贸易、款待宾客等社交场合。湖北大中型餐饮企业所经营的各式筵席,以宴会席居多。

鄂式便餐席是宴会席的简化形式,它可细分为家宴、便宴和团体包餐等类型。其特点是菜品不多,宾客有限,不拘形式,灵活自由。肴馔不要求成龙配套,可根据宾主爱好确定(如临时换菜、加菜、点菜);聚餐场所也能改变,还可自行服务。它类似家常聚餐,经济实惠,轻松活泼,还去掉许多繁文缛节,适于接待至亲好友,可以畅述友情。

(二)按筵席规格档次分类

按照筵席规格档次的不同,荆楚风味筵席有普通筵席、中档筵席和高级筵席之分。

鄂式普通筵席的原料多是禽畜肉品、普通鱼鲜、四季蔬菜和粮豆制品,常有少量的低档山珍海味充当头菜。肴馔以乡土菜品为主,制作简易,讲求实惠,菜名朴实,多用于民间的婚、寿、喜、庆以及一般企事业单位的社交活动。

鄂式中档筵席的原料以优质的禽肉、畜肉、鱼鲜、蛋奶、时令蔬果和精细粮豆制品为主,可配置适量的山珍海味。菜品多由地方名菜组成,取料精细,重视风味特色,餐具整齐,席面丰满,格局较为讲究,常用于较隆重的庆典或公关宴会。

鄂式高级筵席的原料多取用动植物原料的精华,山珍海味的比重较大。常配置知名度较高的风味特色菜品,花色彩拼和工艺大菜占较大的比重,菜品调理精细,味重清鲜,餐具华美,命名雅致,文化气质浓郁,席面丰富多彩。多用于接待知名人士或外宾、归侨,礼仪隆重。

(三)按筵席地方特色风味分类

按照筵席地方特色风味的不同,荆楚风味筵席有汉沔风味筵席、荆南风味筵席、襄郧风味筵席、鄂东南风味筵席和恩施土家族山乡风味筵席之分。

汉沔风味筵席以古云梦泽为中心,传播于武汉、孝感、仙桃(古称沔阳)等地,极具都市饮食文化风情,武汉风味筵席是其杰出代表。其代表筵席有荆楚风味全鱼席、武汉四喜四全席、归元寺花素席、仙桃八肉八鱼席等。

荆南风味筵席以荆江河曲为中心,传播于荆州、荆门、宜昌等地,以荆州筵席最为著名。其代表筵席有荆南地区七星宴、天门蒸菜席、钟祥长寿宴、荆州楚才席、荆沙民俗鱼糕席等。

襄郧风味筵席以汉水流域为中心,传播于襄樊、十堰、随州等地,以襄阳风味筵席最具特色。其代表筵席有襄阳三蒸九扣席、郧阳十大碗席、古隆中三国宴、神农架菌菇宴、五福六寿席、三黄鸡宴等。

鄂东南风味筵席以鄂东丘原为中心,传播于黄石、黄冈、咸宁等地,极具民间特色风味,黄州风味筵席是其典型代表。著名的筵席有黄州东坡宴、麻城三道面饭席、鄂东庆典大围席、咸宁四分八吃席等。

恩施土家族山乡风味筵席以鄂西南山地为中心,传播于恩施土家族苗族自治州以及宜昌市鹤峰土家族自治县、长阳土家族自治县等地区,具有土家族原始宗教食风的遗痕。其代表筵席有土家族赶年宴、十碗八扣席、土王祭祀宴等。

(四)按筵席主题风味分类

主题风味筵席,是指突现活动主题、注重餐饮风格的一类特色风味筵宴。

按照筵席主题风味的不同,荆楚风味筵席有鄂式主题风味筵席及鄂式其他筵席之分。

该分类方法是湖北餐饮行业经常使用的筵席分类法。它强调筵席的主题风味及商品属性,并多将之体现于筵席命名中,对弘扬筵席特色、突显筵席主题文化、提升筵席的知名度和影响力具有现实意义。

在荆楚风味筵席中,鄂式主题风味筵席有多种表现形式:

强调主要原料的主题风味筵席。有荆楚鱼鲜席、洪湖野鸭席、蔡甸莲藕席、佛门全素席等,它们构思奇巧,工艺善变。

明确办宴目的的主题风味筵席。有武汉四喜四全席、荆楚民间谢师宴、天门唯楚有才席、蒲圻茶商订货席等,它们宴客目的鲜明,宴饮气氛浓烈,讲究席面铺陈和装潢美化,能从心理和观感上取悦宾客。

展现筵席菜品数目的主题风味筵席。有襄阳三蒸九扣席、仙桃八肉八鱼席、郧阳十大碗席、随县五福六寿席等,它们从数量上体现了筵席规格,便于计价和调配品种;可满足人们企求丰盛的心态,兼顾了乡风民俗。

标明头菜名称的主题风味筵席。有笔架山鱼肚(石首鮰鱼肚)席、虫草蔡龟席、荆沙甲鱼席、黄陂三合席等。用头菜名称命名的主题风味筵席,实质上是定出一个标杆,可以从质地上显示档次,也利于其他菜品的配套。

冠以节日名称的主题风味筵席。有鄂式元宵宴、鄂式端午宴、鄂式中秋宴、鄂式团年宴等。这种筵席重视选用应时当令的原料,按照季节规律调味和配菜,强调饮食养生,注意配置食医结合的滋补菜和药膳菜,常常成为酒店争夺主顾的王牌。

彰显人文风貌、历史渊源的主题风味筵席。有隆中三国宴、李时珍药膳宴、黄州东坡宴等。餐饮企业组织与策划此类主题筵席时,常选定某一主题作为筵席活动的中心内容,然后根据主题收集整理资料,依照主题特色去设计菜单,用以吸引公众关注并调动顾客的进食欲望。

第四节　荆楚风味筵席的结构和要求

荆楚风味筵席,是以鄂式菜品为主体的各色菜点的组合艺术,是以一定规格的菜品酒水和礼仪程序来款待客人的聚餐方式。设计、制作与销售荆楚风味筵席,既要熟悉其相关环节和内在结构,还需掌握其基本要求。

一、荆楚风味筵席的生产销售环节

荆楚风味筵席的设计、制作与销售,包括筵席预订、菜品制作、接待服务以及营销管理几个环节。

(一) 筵席预订

筵席预订属于设计环节,多由筵席预订部协同餐厅主管和厨师长(主厨)合作完成。其主要任务是根据客人的要求和餐馆的条件,拟定筵席的主旨和总体规划,编排菜点名单和接待服务程序,审议餐厅布置方案和花台装饰,选定主厨和安排其他人员。凡此种种,都要简明扼要地记入筵席预订单中,将它作为"筵席施工示意图"下发给有关部门分头执行,并督促检查。

(二) 菜品制作

筵席菜品制作属于生产环节,由烹调师、面点师共同负责。这一环节应考虑的是原料的选用、烹制的方法、菜品的风味、餐具的配套、上菜程序的衔接、宴饮节奏的掌握以及餐饮成本的控制等。至于各项协调工作,则由有经验的厨师长负责。厨师长要按照席单的要求,安排好采购、炉子、案子、碟子和面点五方面的人员,一一落实任务,使每道菜点都能按质、按量、按时地送到席上。

(三) 接待服务

筵席接待服务工作属于服务环节,由宴会设计师和餐厅服务员负责。它考虑的是餐室美化、餐桌布局、席位安排、台面装饰和服务礼仪。要求做到衣饰整洁、仪容端庄、语言文雅、举止大方、态度热情、反应敏捷、主动热情、细心周到。由于服务人员是代表整个酒店面对面为顾客提供消费服务的,餐厅的声誉、菜点的质量和接待的风范都要通过她们反映出来,因此,这一环节相当重要。

(四) 营销管理

筵席营销管理属于管理环节,多由饭店酒楼管理部门负责。其岗位职责是负责筵席的销售及管理工作,包括制订销售计划、实施营销措施、确定销售毛利率、降低生产损耗及营销成本、掌控菜品质量与服务质量以及营销结算与核算等。开展积极的营销活动,合理控制经营成本,有效吸引客源,提高设备设施的利用率,确保筵席的质量,提高筵席的销量,获取最大的经济效益和社会效益,应当是筵席成功的重要保证。

上述四个环节,是筵席这一统一部件中的4个有机链条,彼此相辅相依,缺一不可,其中任何一个环节出了差错,都会影响全局。只有四者协调一致,配合默契,才能使筵席发挥出最佳效益。

二、荆楚风味宴会席的内在结构

荆楚风味筵席包括鄂式宴会席和鄂式便餐席两类。鄂式便餐席的菜品可根据宾主爱好灵活配置,随意性较大,这里仅依据《中国筵席八百例》中的有关知识简要介绍鄂式宴会席的结构。

鄂式宴会席尽管种类繁多、菜点各异、风味有别、档次悬殊,但多由冷菜、热炒、大菜、饭点、蜜果等食品组成。综合起来,这些食品大体上分作酒水冷碟、热炒大菜、饭点蜜果三大部分。

(一) 酒水冷碟

这是鄂式宴会席的"前奏曲",主要包括冷碟和饮品。要求开席见喜,小巧精细,诱发食欲,引人入胜。

冷碟又称冷盘、冷荤、冷菜或拼盘,有单碟、双拼、三镶、什锦拼盘和花色彩碟等多种形式,讲究配料、调味、拼装和盘饰,要求量少质精、以味取胜,起到先声夺人、导入佳境的作用。

"无酒不成席"。鄂式宴会席中常见的酒水有白酒、黄酒、啤酒和葡萄酒以及果汁、牛奶、可乐、茶水等各种饮料。适量饮酒,可以使人兴奋、增进食欲、增添谈兴、活跃宴间气氛。

(二) 热炒大菜

这是鄂式宴会席的"主题歌",全由热菜组成。它们属于筵席的躯干,质量要求较高,排菜应跌宕变化,好似浪峰波谷,逐步把宴饮推向高潮。

热炒菜是指以细嫩质脆的动植物原料为主料,运用炒、炸、爆、熘等方法制成的一类无汁或略有芡汁的热菜。其最大特色是色艳味鲜、嫩脆爽口。筵席中的热炒菜一般安排2~6道,或是分散跟在大菜之后,或是安排在冷碟与大菜之间,起承上启下的过渡作用。

大菜,又称大件,它是筵席的主菜,素有"筵席台柱"之称。其总体特征是做工考究、量大质优,能体现筵席规格。筵席中的大菜一般包括头菜、荤素大菜、甜食和汤品四项。头菜是筵席中规格最高的菜品,通常排在大菜的最前面;座汤是正菜完毕的标志,通常排在大菜的最后面。

(三) 饭点蜜果

这是鄂式宴会席的"尾声",包括饭菜、主食、点心和果品等。目的是使筵席锦上添花、余音绕梁。

饭菜是为佐饭而设置的"小菜",以素为主,兼及荤腥,还可精选名特酱菜、泡菜或腌菜,以小碟盛装,刻意求精,给赴宴者口角吟香的余韵。

点心在正规的宴会席中必不可少。其品种较多,注重档次,讲究用料和配味。中式宴会席中的点心要求小巧玲珑,以形取胜。

果品有鲜果、干果及果品制品之分。筵席中的水果主要指鲜果,一些高级宴会中有时也加配蜜饯或果脯。宴会席中合理配用果品,可以起到解腻、消食、调配营养等作用。

香茗通常只用一种。上茶多在入席前或撤席之后,宾主既品茶,又谈心,其乐融融。

总之,鄂式宴会席是个统一的整体,三大部分应当枝干分明,匀称协调。一般情况下,这三组食品在整桌宴会席中的成本比例大致如下:

	冷菜	热菜	饭点蜜果
鄂式普通筵席	12%	80%	8%
鄂式中档筵席	15%	70%	15%
鄂式高级筵席	20%	60%	20%

三、荆楚风味筵席的基本要求

了解荆楚风味筵席的相关环节,把握其宴会席结构,只是设计与制作鄂式风味筵席的基础。要承办好各式荆楚筵席,依据《中国筵席宴会大典》中的相关论述,还须符合以下要求。

(一)主题鲜明

筵席不是菜点的简单拼凑,而是一系列食品的艺术组合。设计与制作荆楚风味筵席时,应分清主次、突出重点、发挥所长、显示风格。分清主次指主行宾从,格调一致,一、三组菜品要视第二组菜品的需要而定。突出重点就是全席菜品中突出热菜,热菜中突出大菜,大菜中又要突出头菜,使其用料、工艺与质地都明显地高出一筹,以带动全席。发挥所长即施展技术专长,避开劣势,优先选用名特物料,运用独创技法,力求夺人耳目。显示风格便是亮出名店、名师、名菜、名点、名小吃的招牌,展示荆楚大地的饮食习尚和风土人情,使人一朝品食,终生难忘。

(二)配菜科学

配菜是设计与制作筵席的重要环节,它表现在菜品质与量的配合、外在感官品质配合以及营养配合三个方面。

菜品质与量的配合,须遵循"按质论价、优质优价"的配菜原则,充分考虑时间、地点、客人需求等因素。

菜品外在感官品质的配合,要利用原料、刀口、烹法、味型、菜式的互相调配,使整桌筵席色、香、味、形、质、器俱佳。其间,均衡、协调和多样化,是筵席配菜的总体要求。

筵席菜品营养的配合,要能通过多种食材形成合理的膳食营养,满足人体多方面需求。

(三) 工艺丰富

不论何种筵席,都应依据不同需要灵活安排菜单。在制定荆楚风味筵席菜单时,既须注意主题的鲜明、风格的统一,又应避免菜式的单调和工艺的雷同,努力体现错综的美。这是因为一桌筵席通常都由多道菜点组成,菜品愈多,愈需显示各自不同的个性。只有菜品的品种、用料、技法、色泽、味型、质感、盛器等都呈现出多样化,筵席才富于节奏感和动态美,才符合"席贵多变"的排菜要求,不使客人感到单调雷同。

(四) 形式典雅

筵席是吃的艺术,吃的礼仪,需要处理好美食与美境的关系。形式的典雅,就是要认真考虑进餐时的环境因素和达到情绪的愉悦。为了吃得好,吃得有雅趣,设计与制作荆楚风味筵席时,应当讲究餐室布置、接待礼节、娱乐雅兴和服务用语。在提供物质享受的同时,给人精神享受,使纤巧之食与大千世界相映成趣,让宾客有宾至如归的欢愉感。

(五) 待客以礼

筵席既是酒席、菜席,也是礼席、仪席。荆楚筵席注重礼仪由来已久,世代传承。古人强调:"设宴待嘉宾,无礼不成席。"设计、制作与销售荆楚风味筵席,更需尊重宾客的民族习惯、宗教信仰、身体素质和嗜好、忌讳等。在原料筛选、菜式确定、餐具配置、进餐方式等方方面面,都从尊重客人、爱护客人、方便客人出发,充分体现荆楚民众待客以礼的传统美德。

第二章　荆楚风味筵席设计规程

理论是实践的结晶,它来源于实践,并能指导实践。没有理论指导的实践,是盲目实践;脱离实践的理论,是空洞的说教。荆楚风味筵席设计规程来自于无数的筵席实践活动,它是荆楚风味筵席生产、服务与销售的重要依据。

第一节　筵席菜品酒水的设计

筵席是菜品酒水的组合艺术。筵席设计的实质,就是如何合理地配置各类食品,使其具有较高的食用价值和观赏价值。从筵席的内在结构上看,荆楚风味筵席多由冷菜、热炒、大菜、饭点、蜜果和酒水等食品组成。下面从冷碟、热菜、饭点蜜果及酒水的配置四个方面,分别论述其设计规程。

一、冷菜类的设计要求

冷菜,又称冷盘,系指用拌、炝、腌、熏、卤、冻等技法制成的,食用时成品温度低于人体温度的一类菜肴(如脆皮黄瓜、糖醋油虾)。其最大特色是久放不失其形,冷吃不变其味。冷菜在荆楚风味筵席中不可或缺,其配置要求如下。

(一)单碟的配置

单碟,又称"独碟""围碟",系指由一种冷菜拼装而成的冷碟。单碟有元宝碟、平围碟、弓桥碟、条形碟、菱形碟及散装碟等多种形式,一般使用5～7吋的圆盘或腰盘盛装,每份的净料用量大多控制在 100~150 克。各单碟之间,注重交错变换,避免用料、技法、色泽和口味的重复。

独碟多用于一般筵席,4~8 道一组,于正菜之前直接上桌。在中、高档筵席中,单碟若与主碟同上,则称"围碟",其用量较精,主要用来烘托主碟。

(二)双拼、三镶的配置

1. 双拼

又名"对镶",是由分量相当的两种冷菜拼装而成的冷碟。这类冷碟在用料、形状和色泽上都应协调,还须讲究口味和质地的配合。味型丰富、色泽和谐、刀面协调、质地多变,是双拼冷盘的基本要求。双拼通常选用 7~9 吋腰盘或圆盘盛装,盛器的规格统一。每盘配用 150~200 克净料,一般是荤素兼备,并使素料的总量保持在 1/3 左右。例如 6 道双拼,可用 4 种素料、8 种荤料。双拼常是 4~6 道一组,应用于中档筵席中。

2. 三镶

又称"三拼盘",是由分量相当的 3 种冷菜拼装而成的冷碟,同样注重色泽、口味、质感和刀面的配合。制作三镶既可选用腰盘,也可使用圆盘,其直径多在 8~10 吋。每盘三镶冷碟的净料在 200~250 克,三者大体均衡。三镶取料精,档次高,更讲究色、质、味、形、器的配合。多是 4~6 道一组,应用于高档筵席中。

(三)什锦拼盘的配置

什锦拼盘,又称"大拼盘""什锦大拼",是将多种类别、味型和色彩的冷菜拼装在同一器皿中的大型冷盘。它的盛器既可用腰盘,也可用圆盘,还可选用攒盒;其图案有"梅花形""扇面形""葵花形""塔基形""风车形"等,大多呈中轴对称,或呈中心对称;通常选用 6~10 种冷菜,各种冷菜的分量大体均衡,色泽、口味、质感各不相同。什锦拼盘以滋味丰富、质地适口、刀面精细、构图匀称为佳,通常应用于中档筵席中,替代其他类型的冷碟。

(四) 主碟和围碟的配置

主碟,又叫彩碟、彩拼或工艺冷碟。它运用装饰艺术和刀技造型,在盘中酿拼山水、建筑、器物或图案,用12吋以上的圆盘、腰盘、方盘、菱形盘或异形盘拼装而成。主碟的设计牵涉到立意、命名、题材、风格、选料、构图、定型、设色诸方面,必须与筵席的主题相一致。主碟的设计与制作必须符合营养卫生的原则,原料的规格与工艺的难易应视筵席档次而定,同时构图要有新意。围碟是主碟的陪衬,多用5~6吋小碟盛装,拼装时要按主碟的要求确定形制,或摆出整齐划一的刀面,或制成小巧玲珑的简易图案,使之相辅相成。

主碟与围碟的配套,通常情况是,一主碟带4~8只围碟,高档筵席可以一主碟带8~12只围碟。其评判标准是:选题得当,图案新颖,寓意鲜明,刀工精细,用料丰富,搭配合理,色调和谐,造型生动,滋味多变,清洁卫生,能形成众星捧月之势。一般说来,主碟以观赏为主或观赏与食用并重,围碟以食用为主,并在总体上对主碟起衬托作用。

下面是荆楚风味宴会席中不同规格的5组冷菜,可供参考。

第一组:普通筵席中的六独碟

  椒盐鱼条   蒜泥芸豆

  椒麻鸭掌   酸辣脆肚

  红油牛肉   香卤冬菇

第二组:中档筵席中的四双拼

  烟熏白鱼—芝麻香芹   白切嫩鸡—蚝油花菇

  片皮烤鸭—蒜泥芸豆   蜜汁红枣—凉拌蜇丝

第三组:中高级筵席中的四三拼

  红油百叶—泡菜蒜苗—盐水鸭肫

  烟熏泥鳅—糖渍地瓜—糖醋蜇丝

  椒盐鲜鱿—蒜泥豇豆—虾米冬菇

  鱼香腰片—姜汁莴苣—糖醋油虾

第四组:中档筵席中的什锦大拼盘

　　　　五香牛腱—酸辣黄瓜—明炉烤鸭—朝鲜泡菜—红油口条—金钩豇豆—鱼香腰花—糖汁西红柿—糖醋海蜇—葱酥鱼块

第五组:高级筵席(全鱼席)中的一彩碟带八围碟

　　彩碟:金鱼戏莲

　　围碟:珊瑚银鱼　　　　豆豉鲮鱼

　　　　红椒鳝丝　　　　凤尾春鱼

　　　　酒糟鱼条　　　　腊味凤鱼

　　　　椒盐鱼排　　　　烟熏鳅鱼

二、热菜类的设计要求

热菜,系指用炸、炒、烧、焖、汆、烩、煨、蒸、烤、扒等技法制成的,食用时成品温度高于人体温度的各式菜肴(如油爆石鸡腿、冬瓜鳖裙羹)。其最大特色为香醇适口,一热三鲜。热菜包括热炒菜和大菜(含头菜、荤素大菜及汤菜),它是荆楚风味筵席的主体和重要支柱,其配置要求如下。

(一)热炒菜的配置

热炒菜有单炒(炒一种)和双炒(炒两种)之分。这类热菜以动物性原料为主,主要取用细嫩质脆的部位,如鸡丁、鲜贝、牛柳、肚尖、虾仁、蟹肉、鲜鱿、肉丝、鱼片等,植物性原料较少用作热炒菜。热炒菜的原材料通常加工成细小刀口,如片、丁、丝、条等,有的还须剞成麦穗花刀或菊花花刀等,以便快速成菜。热炒菜的用量通常为300克左右,主料占绝对优势,配料只起点缀作用。其盛器可用腰平盘或圆平盘,多为8~10吋,并与整桌盛器相协调。热炒菜的制法主要有炒、爆、熘、炸、烹等,其共同点是成菜迅捷、嫩脆爽口。此处,"菜完汁干"也是热炒菜的成菜特点之一。

编排热炒菜时,须考虑菜式的多样化。各道热炒之间,应避免色、质、味、形的单调重复。热炒菜的上菜方式应因各地的风俗习惯而定,常是2~6件一组,安排在冷碟之后,待热炒菜全部上完,再上头菜及其他大菜;也可以先上冷碟,次上头菜,再将热炒穿插在大菜之中入席。各道热炒要注意先后顺序,质优者宜先,质次者宜后,可突出名贵原料;清淡者宜先,浓厚者宜后,应防止味的相互抑制。例如鱼片、鸡丝、鲜贝和蟹粉,其鲜味是递增的。如果先上蟹粉,次上鲜贝,再上鸡丝和鱼片,则鸡肉和鱼肉的鲜味都会被压抑。

下面是荆楚风味宴会席中不同规格的两组热炒菜,可供参考。

第一组:普通筵席中的四热炒

　　油爆肚尖　　　　茄汁鱼片

　　腰果鲜贝　　　　酸辣鱿鱼

第二组:中高档筵席中的四双拼炒

　　雪花鲍片——松仁鱼米

　　鱼香腰片——香酥鸽肝

　　油爆菊红——夏果虾仁

　　香爆鸡肾——鸽蛋吐司

(二)头菜的配置

头菜是宴会席中规格最高的菜品,常用烤、扒、烩、蒸等技法制作,排在所有大菜最前面,统帅全席。按照传统习惯,不少筵席的名称是根据头菜的主料来命名的。如头菜是"黄焖甲鱼",就称"甲鱼席";头菜是"鸡茸笔架鱼肚",就称"鱼肚席"。而且头菜等级高,热炒和其他大菜的档次也跟着高;头菜低,其他也低。所以鉴别筵席规格常以头菜为基准。

鉴于头菜的特殊地位,配置时应注意三点:首先,头菜的烹饪原料规格较高,其成本约占热菜成本的1/5~1/3。例如一桌成本为600元的中档筵席,热菜总的成本约为420元(按70%计算),头菜成本应控制在90~120元之间。头菜成本过高或过低,都会影响其他菜肴的配置。其次,头菜应与筵席主题、规格、风味相协调。标明是荆楚风味筵席,必须选用鄂式名菜;规定为高级酒宴,则应选用名特原料;注明季节,就要突出时令特色,而且头菜应首先满足主宾嗜好,并与本店技术专长结合起来。最后,头菜地位应醒目,盛器要大,如大盆、大碗、大盘,最好在12吋以上;宜用整料制作或大件拼装,装盘丰满,注意造型;名贵者可分份上桌。

(三) 热荤的配置

热荤多由鱼虾菜、禽畜菜、蛋奶菜以及山珍海味菜组成,常与素菜、甜食、汤品联为一体,共同护卫头菜,并构成整桌筵席的正菜。

配置热荤,首先应处理好它与头菜的关系。热荤的用料,应视筵席规格而定,但是不论其档次如何,都不能超过头菜。如头菜为"鸡茸鱼肚",热荤可用鳜鱼、鲜贝,但不宜选用鱼翅、鲍脯。

其次,各道热荤之间也要配搭合理,原料、口味、质地和烹法彼此协调,既要避免重复,又要考虑成本核算。热荤的编排,通常是将炸烤菜置于头菜之后,再安排山珍海味或畜禽蛋奶。各热荤之间可以适当穿插1~2道点心或甜菜。

最后,热荤的制作可灵活选用烧、焖、蒸、炸、氽、烩、扒等技法。有些热荤汤汁较宽,需选容积较大的器皿;有些热荤适于加热后补充调味,如蒸菜多配姜醋,炸菜多配花椒盐或辣酱油,烤菜多配大葱、甜面酱和面饼。此外,热荤的用量也要相称,通常情况下,每份配净料750~1000克;至于整形的热菜,由于是以量大为美,故用量一般不作过多限制,越大越显得气派。

(四) 甜菜的配置

甜菜(含甜汤、甜羹)泛指一切甜味菜品。其品种较多,有干稀、冷热、荤素、高低之不同,需视季节和席面而定,并综合考虑价格因素。

甜菜用料多选果蔬菌耳或畜肉蛋奶。其中,高档的如冰糖燕窝、蜜汁蛤士蟆,中档的如散烩八宝、拔丝蛋液,低档的如什锦果羹、蜜汁莲藕。甜菜制法有拔丝、蜜汁、挂霜、蒸烩、煎炸、冰镇等,每种都能派生出不少菜式。甜菜应用于筵席,可起到改善营养、调剂口味、增加滋味、解酒醒酒的作用。一般筵席可配甜菜1~2道,品种需新颖,档次要相称。

（五）素菜的配置

筵席大菜中切不可忽视素菜。素菜有两种，一为纯素，一为花素。纯素指主料、配料和调料均为植物性原料，不沾任何荤腥，例如植蔬四宝、香菇菜心；花素指主要原料为素料，调料、配料（含用汤）可以兼及荤腥，例如鸡汁菜心、蚝油双冬。用作素菜的原料很多，既有名贵品种（如猴头菇、竹荪），也有普通蔬菜（如白菜、冬瓜）。素菜入席，一须应时当令，二须取其精华，三须精心烹制，四须适当造型。素菜的制法要因料而异，炒、焖、烧、扒、烩、酿均可。大菜中合理地安排素菜，能够改善筵席营养结构，调节人体酸碱平衡；去腻解酒，变化口味；增进食欲，促进消化。素菜通常配用 1~2 道，上席次序大多偏后。

（六）汤菜的配置

荆楚风味筵席中的汤菜，种类较多。其中，用作大菜的有二汤和座汤。

1. 二汤

二汤定名于清代。当时鄂地筵宴受满人习俗影响，头菜多为烧烤。为了爽口润喉，头菜之后往往需要配置汤菜，因其在大菜中排在第二位，故名。如橘瓣鱼氽、鸡汁鱼丸之类。二汤多由清汤制成，使用头碗盛装。如果头菜为烩菜，二汤可省去；假若头菜是烩菜，二菜为烧烤菜，那么二汤就后移至第三位。

2. 座汤

座汤是筵席中规格最高的汤菜，通常排在大菜的最后面，行业里称之为"押座菜"或"镇席汤"。座汤的规格一般都高，有时可用整形的鸡、鸭、鱼、鳖，如清炖全鸡、鱼丸鲫鱼汤；有时可加名贵配料，如虫草炖金龟、冬瓜鳖裙羹。制作座汤，清汤、奶汤均可；为了不使汤味重复，若二汤为清汤，座汤就用奶汤，反之亦然。座汤可用品锅盛装，冬季常用火锅替代。

荆楚筵席中汤菜的配置原则是：一般筵席仅配座汤，中高档筵席加配二汤。

下面是荆楚风味宴会席中不同规格的三组大菜，可供参考。

第一组：普通筵席中的五大菜

  熘鸳鸯鳜鱼　　　　烤葱油酥鸡

  蒸珍珠双圆　　　　炒口蘑菜心

  炖龙凤瓜盅

第二组：中档筵席中的七大菜

  鸡茸笔架鱼肚　　　香酥鹌鹑带夹

  红烧鄂南石鸡　　　桂花孝感米酒

  油焖海参樊鯿　　　鸡油植蔬四宝

  砂钵黄陂三合

第三组：高级筵席（全鸭席）中的八大菜

  鸭包鱼翅　　　　　鸭茸鲍盒

  烩鸭四宝　　　　　挂炉烤鸭

  珠联鸭脯　　　　　兰花鸭翅

  鸭汁双素　　　　　虫草炖鸭

三、饭点蜜果的设计要求

饭点蜜果，通常是指筵席中的饭菜、主食、点心、水果等，它以面食点心为主体。荆楚风味筵席一般都要设置点心和水果，其配置要求如下。

（一）饭菜的配置

饭菜，又称"小菜""香食"，与冷碟、热炒、大菜等下酒菜相对，系指饮酒后用以佐饭的菜肴。这类菜肴多由节令炒菜与名特酱菜、泡菜、糟菜、风腊鱼肉组成，如乳黄瓜、小红方、洗澡泡菜、腌椿芽、虾鲊、风鱼等。饭菜只安排在使用白米饭（或白米粥）的筵席中，2~4道一组，常用4~5吋小碟盛装，于座汤之后上席。有些丰盛的筵席由于菜肴多，席点（或小吃）也多，宾客很少用饭，因而不配饭菜。

（二）席点、小吃的配置

席点即筵席点心。常以2~4道一组，随大菜或汤品编排在各类筵席中。

品种有包、饺、糕、酥、卷、角、皮、片等,常见制法如蒸、煮、炸、煎、烤。筵席点心用量不宜过多,一般需要造型,如鸟兽点心、时果点心、花草点心、图案点心等,它们精细、灵巧,具有较高的观赏价值。

小吃。全国各地都有,风格各异,地方性强。汉味米制品小吃风味独特,全国闻名,它在普通鄂式筵席中应用较少,但在正式的荆楚风味筵席中备受青睐。小吃大多排在大菜之后,充当主食。配置小吃,也应当是地方名特品种,一般1~2道,咸甜、干稀、冷热兼顾。

(三)果品与蜜脯的配置

荆楚风味筵席中,果品的配置甚为讲究,如:寿席宜配佛手、蟠桃、百合、银杏;婚席宜配红枣、桂圆、莲子、花生;喜庆筵席则宜配苹果、香蕉、金橙、雅梨。筵席用水果主要指鲜果,一般应选配时令佳果和著名品种,每席配置1~2道,成色要鲜,品质要优,还须加工处理,摆成图案,置于水果盘中,以便食客清口开胃、解腻醒酒。

蜜脯指蜜饯和果脯,如话梅、九制陈皮、蜜汁榄仁、苹果脯、海棠脯、冬瓜糖、甜藕片等。蜜饯主产于南方,以广东、福建、台湾为优,块片较小,系由糖、蜜和中草药腌制而成,多有黏汁,呈甜咸味或药味;果脯主产于北方,以北京为中心,块片较大,多用糖水熬煮后烘干,上有糖霜,不带黏汁,呈甜酸味。蜜饯果脯在现代筵席中应用较少,只有少数特色风味筵席仍在使用。配置蜜饯与果脯,须用3~4寸小碟盛装,4道一组,用于开席前或收席后。

下面是荆楚风味宴会席中不同规格的二组饭点蜜果,可供参考。

第一组:中档筵席中的饭点蜜果

  点心:四喜蛋糕   双合汤包

  茶果:锦绣果拼   碧螺香茗

第二组:高级筵席中的饭点蜜果

  点心:佛手摩顶(佛手香酥)

    福寿绵长(伊府龙须面)

水果：榴开百子（胭脂红石榴）

五子寿桃（时令鲜桃）

寿茶：大展宏图（恩施富硒红茶）

四、筵席酒水的设计要求

酒水在筵席中的地位举足轻重，宴会自始至终都是在互相祝酒、劝酒中进行的。没有酒水就表达不了诚意，显示不出隆重，缺乏宴饮气氛。所以，人们常说："设宴待佳宾，无酒不成席。"

（一）筵席酒水的类别

荆楚风味筵席中的酒水主要有酒、水、茶、牛奶、果汁等，根据其酒精含量，大致可分成酒精性饮料和非酒精性饮料。

酒精性饮料含酒精0.5%以上，习称为"酒"，通常有酿造酒、蒸馏酒和再制酒之分。非酒精类饮料不含酒精成分，它可分为含咖啡因饮料类（茶、咖啡、可可）、果汁饮料类（新鲜果汁、加工果汁）、碳酸饮料类（可乐、汽水、苏打水）、乳制品饮料类（牛奶、脱脂奶、豆浆）以及纯净水类（矿泉水、泉水）等。

1. 筵席用酒

荆楚风味筵席注重以酒佐食。适量饮酒，可舒筋活血、开胃提神，增进食欲；可引发谈兴、助乐添欢，增加气氛；可显示主人热诚、宴饮礼节，实现社交目的。

（1）白酒。鄂式筵席用酒多选用白酒。全国著名的白酒品种有茅台酒、五粮液、洋河大曲、剑南春、汾酒、西凤酒等，湖北习用的地方名酒主要有白云边酒（产自松滋）、黄鹤楼酒（产自武汉）、稻花香酒（产自宜昌）和枝江大曲（产自枝江）等。

（2）黄酒。黄酒是我国历史悠久的传统酒品，它以糯米、玉米、黍米和大米等为原料，经酒药、麸曲发酵压榨而成。其特点是酒质醇厚幽香，味感和谐鲜美。鄂式筵席中黄酒主要为以浙江绍兴黄酒为代表的江南糯米黄酒。

(3)啤酒。啤酒是以大麦为主要原料,配以有特殊香味的啤酒花,经过发芽、糖化、发酵而制成的一种含二氧化碳的低酒精原汁酒。其特点是酒精含量在2%~8%,具有显著的麦芽和啤酒花的清香,味道醇正爽口,富含多种维生素和氨基酸等营养成分,素有"液体面包"之称。鄂式便餐席中常使用青岛啤酒、武汉百威啤酒等。

2. 筵席用茶

茶是中国的"国饮",除解渴之外,还有提神、明目、醒酒、利尿、去油腻、助消化、降血脂、降血糖、防辐射等功效。鄂式筵席用茶,其著名品种主要有西湖龙井、碧螺春、黄山毛峰、庐山云雾、武夷岩茶、铁观音、祁门红茶、咸宁香茶、采花毛尖、恩施富硒茶等。

筵席用茶,通常只选一种,有时也可数种齐备,凭客选用。鄂式筵席配茶很注意尊重客人的风俗习惯,如招待华北客人多用花茶,招待东北客人多用甜茶(茶中添加白糖),招待南方客人多选绿茶、青茶、红茶和药茶,招待闽台等地人和侨胞多用乌龙茶。

3. 筵席中的果汁和碳酸饮料

果汁类饮料产自天然原料,主要有天然果汁、稀释果汁、果肉果汁、浓缩果汁和蔬菜汁等类别。

普通碳酸饮料不含人工合成香料,也不含任何天然香料,常见的有苏打水等。果味型碳酸饮料添加了水果香精和香料,如柠檬汽水等。果汁型碳酸饮料含有水果汁或蔬菜汁,如橘汁汽水。可乐型碳酸饮料含有可乐豆提取物和天然香料,如可口可乐。碳酸饮料冰镇后(一般为4℃~8℃)口感最佳。

4. 筵席中的乳品饮料

乳品饮料是以牛奶为主要原料加工而成,常见品种有鲜牛奶、发酵乳饮等。乳品饮料含有丰富的蛋白质、卵磷脂、B族维生素、钙质等多种营养成分,能有效预防骨质疏松症,对高血压、便秘等也有一定疗效,主要适用于女宾、老年客人及儿童。

(二)筵席酒水的配置要求

鄂式筵席中酒水的配置要求主要有以下三点。

(1)酒水的档次应与筵席的档次相一致。筵席用酒应与其规格和档次相协调。

(2)筵席用酒要慎用高度酒。因为高度白酒会对味蕾产生强烈刺激,影响对美味佳肴的品尝,极易引起酒精中毒。

(3)筵席酒水的选用应遵从主办者的意愿,不能片面地强调搭配原则。

第二节　荆楚风味筵席菜单设计

筵席菜单,即筵席菜谱,是指按照菜单设计原则,将酒水冷碟、热炒大菜、饭点蜜果等食品按一定比例和程序编成的菜品清单。

筵席设计的指导思想和筵席制作的具体要求,需要用文字记录下来,以便遵循,这便是设计筵席菜单。设计筵席菜单,餐饮行业里称作"开单子",这一工作通常由宴会设计师、餐厅主厨独立或者合作完成。筵席菜单既是设计者心血和智慧的结晶,技术水平和管理水平的标志,又是采购原料、制作菜点、接待服务的依据,是反映筵席规格和特色的文本。

一、筵席菜单的种类

(一)按设计性质与应用特点分类

1.固定式筵席菜单

固定式筵席菜单是餐饮业设计人员预先设计的列有价格档次和组合菜式的系列筵席菜单。这类菜单档次分明,各个筵席类别已按既定格式排好,并且同一档次同一类别的筵席同时列有几份不同菜品组合的菜单,如套装婚宴菜单、套装寿宴菜单、套装商务宴菜单、套装欢庆宴菜单等,以供顾客挑选。例如,

1680元/桌的庆功宴菜单,同时提供 A 单与 B 单,两单上的菜品,基本结构相同,只是在少数菜品上作了调整。

例:武汉某酒店1680元套宴菜单

套宴菜单(A)	套宴菜单(B)
鸿运八品碟	鸿运八品碟
清蒸大闸蟹	芙蓉蟹黄斗
白焯基围虾	椒盐基围虾
佛珠烧河鳗	清蒸活鳜鱼
马鞍烧鳝乔	油爆石鸡腿
梅菜扣蹄髈	乐福园猪手
洪湖野鸭煲	干锅焖野鸭
鲍汁百灵菇	上汤浸时蔬
五圆炖全鸡	野菌鸡汁汤
美点映双辉	美点映双辉
什锦水果拼	什锦水果拼

2. 专供性筵席菜单

专供性筵席菜单是餐饮业设计人员根据顾客的要求和消费标准,结合本企业资源情况专门设计的菜单。这种类型的菜单设计,由于顾客的需求十分清楚,有明确的目标,有充裕的设计时间,因而针对性很强,特色展示很充分。目前,餐饮业所经营的筵席,其菜单以专供性菜单较为常见。例如:2009年5月,宴会主办人于宴会前3天来武昌某大酒店预订4桌规格为6880元/桌的迎宾宴,要求尽量展示酒店的特色风味,在雅厅包间开席。经协商现场确定了金汤海虎翅、富贵烤乳猪、椒盐大王蛇、木瓜炖雪蛤等4款特色名贵菜肴,其席单如下。

武昌某星级酒店迎宾筵席单

一彩碟　　白云黄鹤喜迎宾

六围碟	手撕腊鳜鱼	美极酱牛肉
	老醋泡蜇头	姜汁黑木耳
	红油拌白肉	青瓜蘸酱汁
二热炒	XO酱爆油螺	滑炒水晶虾
八大菜	金汤海虎翅(位)	富贵烤乳猪
	香芒龙虾仔	焖原汁鳄鱼
	清蒸左口鱼	鸡汁烩菜心
	椒盐大王蛇	琥珀银杏果
二汤羹	木瓜炖雪蛤(位)	松茸土鸡汤
四细点	菊花酥	雪媚娘
	腊肠卷	粉果饺
一果拼	什锦水果拼(位)	

3. 点菜式筵席菜单

点菜式筵席菜单是指顾客在酒店提供的点菜单或原料中自主选择菜品,组成一套筵席菜单。许多餐饮企业把筵席菜单的设计权利交给顾客,接待人员只做情况说明,提供建议。还有一种做法是,酒店将同一档次的两套或三套菜单中的菜品按大类合并在一起,让顾客从菜品里任选,组合成筵席套菜。

例:湖北咸宁某酒店点菜式筵席菜单

卤味三冷拼

葱爆鱿鱼须

外婆红烧肉

辣子石鸡腿

鸡茸豆腐盒

水煮财鱼片

蒜茸娃娃菜

贺胜桥鸡汤

韭菜煎蛋饼

应时水果拼

(二)按筵席菜单格式分类

1. 提纲式筵席菜单

提纲式筵席菜单,又称简式席单。这种筵席菜单须根据筵席规格和客人要求,按照上菜顺序依次列出各种菜肴的类别和名称,清晰醒目地分行整齐排列;至于所要购进的原料以及其他说明,则往往有一附表(有经验的厨师通常将此表省略)作为补充。这种筵席菜单好似生产任务通知书,常常要开多份,以便酒楼各部门按指令执行。讲究的筵席菜单,主人往往索取多份,连同请柬送给赴宴者,显示规格和礼仪;在摆台时也可搁放几张,既可让顾客熟悉筵席概况,又能充当一种装饰品和纪念品。餐饮企业平常所用的筵席菜单多属此类。

例1,宜昌市吉利富贵宴菜单

鸿运当头(鸿运乳猪件)

锦绣前程(鲍鱼参肚羹)

姹紫嫣红(夏果鲜带子)

金鸡报喜(扣蒸三黄鸡)

喜气洋洋(蒜香烤羊排)

掌上明珠(鸭掌酿鸽蛋)

百年好合(莲子水百合)

圆圆满满(黄焖大肉圆)

琴瑟同谱(鸳鸯大鳜鱼)

四季常青(瑶柱扒时蔬)

吉庆有余(鸡汁氽鱼圆)

美满幸福(美点映双辉)

丰收果盘(鲜果大拼盘)

例2,楚乡十字开花年年有余宴(高端民俗风情宴)

独占鳌头(鳖裙鱼肚)

双龙戏珠(鲫鱼氽圆)

三阳开泰(鳜鱼三吃)

四季发财(四宝鳢鱼)

五福天降(五彩鱼面)

六合同春(炉烤春鱼)

七巧相会(橘瓣鱼圆)

八珍赛宝(山海樊鯿)

九九连环(红烧鮰鱼)

十全十美(什锦鱼糕)

百子拜寿(石榴莲包)

千云祥集(千层油糕)

万象更新(时果拼盘)

2.表格式筵席菜单

表格式筵席菜单,又称繁式席单。这种筵席菜单既按上菜顺序分门别类地列出所有菜名,同时又在每一菜名的后面列出主要原料、主要烹法、成菜特色、配套餐具,还有成本或售价等。这种筵席菜单的设计程序虽然特别烦琐,但其筵席结构剖析得明明白白,如同一张详备的施工图纸,极具参考指导价值。

例:荆南风味冬令鱼肚席菜单

类别	菜名	主料	烹法	色泽	质地	口味	外形
冷菜	醋椒黑木耳	黑木耳	炝	黑褐光亮	脆爽	酸辣	片状
	老醋拌蜇头	海蜇头	拌	黄亮	脆嫩滑爽	酸香	片状
	手撕腊鳜鱼	腊鳜鱼	蒸	洁白	酥嫩爽口	咸鲜腊香	片状
	蒜泥炝藜蒿	藜蒿	炝	嫩绿光亮	脆嫩	蒜泥味	条状

续表

类别	菜名	主料	烹法	色泽	质地	口味	外形
热菜	鸡粥鮰鱼肚	鮰鱼肚	烩	白亮	酥嫩胶黏	咸鲜	自然形
	西芹炒百合	西芹百合	炒	绿白相衬	脆嫩	鲜香	片状
	玉带财鱼卷	财鱼片	滑炒	洁白光亮	滑嫩	咸鲜	圆柱状
	蒜蓉蒸扇贝	扇贝	蒸	白中透黄	细嫩	蒜香	自然形
	沔阳扣三蒸	鱼肉蔬菜	扣蒸	三色相衬	酥嫩	鲜香	条块状
	滋补牛尾锅	牛尾	焖	红亮	耙烂	咸鲜香辣	圆饼状
	香菇扒菜胆	香菇菜心	扒	碧绿褐红	脆嫩	咸鲜味	自然形
	五圆炖全鸡	土母鸡	炖	多色相映	酥嫩	咸鲜	自然形
点心	薯泥蛋糕卷	蛋糕	蒸	金红	滑软酥松	香甜味	圆筒形
	馨香灌汤包	汤包	蒸	玉白	皮薄馅嫩	咸鲜香	自然形
水果	什锦水果拼	南国水果	拼	多色相映	多种质感	香甜	片状

二、筵席菜单设计原则

筵席菜单设计绝非菜品酒水的随意编排、随机组合，它需遵循一定的设计原则。设计荆楚风味筵席菜单，应持严谨态度。只有掌握筵席的结构和要求，遵循筵席菜单的编制原则，采用正确的方法，合理选配每道菜点，才能使编制出的筵席菜单完善合理、切实可行。

(一) 按需配菜，迎合宾主嗜好

这里的"需"指市场需求。"按需配菜"指菜单设计者结合目标市场的特点和需求，根据主体就餐者的民族、地域、年龄结构、性别比例、职业特点、文化程度、收入水平、风俗习惯、饮食嗜好和禁忌等合理选配筵席菜点。只有在详细调查了解和深入分析目标市场的基础上，才能有目的地规划和调整筵席菜单，从而设计出为宾客所乐于接受的菜单内容。

九省通衢的湖北位于华夏的腹心之地,当地的餐饮企业经常招待南来北往的各类宾客。随着改革开放的逐步深入,四方交往频繁,食俗不同的就餐者越来越多。筵席设计者只有区别情况,投其所好,才能充分满足宾客的不同要求。

编制筵席菜单时,一旦涉及外宾,首先应了解的便是国籍。国籍不同,口味嗜好会有差异。譬如日本人喜清淡、嗜生鲜、忌油腻、爱鲜甜;意大利人要求醇浓、香鲜、原汁、微辣、断生并且硬韧。无论是接待外宾还是内宾,都要十分注意就餐者的民族和宗教信仰。例如,信奉伊斯兰教的禁血生,禁外荤;信奉喇嘛教的禁鱼虾,不吃糖醋菜。凡此种种,都要了如指掌,相应处置。至于汉民,自古就有"南甜北咸、东淡西浓"的口味偏好;即使生活在同一地方,假若职业、体质不同,其饮食习尚也有差异。如体力劳动者爱肥浓,脑力劳动者喜清淡,老年人喜欢软糯,年轻人喜欢酥脆,孕妇想吃酸菜,病人爱喝清粥等,能照顾时都要照顾。此外,当地传统风味菜点以及宾主指定的菜肴,更应注意编排。对于订席人提出的要求,如想上哪些菜,不愿上哪些菜,上多少菜,调什么味,何时开席,在哪个餐厅就餐,只要是在条件允许的范围内,都应当尽量满足。

(二)据实配菜,参考制约因素

这里的"实"指筵席生产经营的实际条件。"据实配菜"指菜单设计者应结合筵席生产经营实情,充分考虑自身的生产能力,灵活选配筵席菜点。

编制筵席菜单,一要充分掌握各种原料的供应情况,因料施艺。食品原料的供应往往受到市场供求关系、采购和运输条件、季节、餐厅的地理位置等诸多因素的影响。凡列入筵席菜单的菜式品种,必须无条件地保证供应。凡原料不齐的菜点尽量不配,积存的原料则优先选用。二要考虑设备条件。厨房及餐厅的设备设施条件在很大程度上影响着筵席菜式的种类和规格。如餐室的大小要能承担接待的任务,设备设施要能胜任菜点的制作,炊饮器具要能满足开席的要求。设备设施条件不能满足的各式菜点,即使再美妙,也不能贸然排入菜单之中。三要考虑自身的技术力量。菜单设计者不能光凭主观愿望去决定菜单内容,只有充分了解员工的技术水平,扬长避短,才能确保筵席菜品的品质。

员工水平有限时,不要冒险承制高级酒宴;厨师不足时,不可一次操办过多的筵席;特别是对待奇异而又陌生的菜肴,更不可抱侥幸心理。设计者纸上谈兵,值厨者必定临场误事。四要考虑筵席的类别和规模。类别不同,配置菜点也需变化。例如寿宴可用"蟠桃献寿",如果移之于丧宴,就极不妥当;一般筵席可上梨子,倘若用之于婚宴,就大煞风景。再如操办桌次较多的大型筵席,忌讳菜式的冗繁,更不可多配工艺造型菜,只有选择易于成形的原料,安排便于烹制的菜肴,才能保证按时开席。

(三)随价配菜,讲求经济实惠

这里的"价",指筵席的售价。随价配菜即是按照"质价相称""优质优价"的原则,合理选配筵席菜点。

一般来说,高档筵席,料贵质精;普通酒宴,料贱质粗。如果聚餐宾客较少,出价又高,则应多选精料好料,巧变花样,推出工艺复杂的高档菜;如果聚餐宾客较多,出价又低,则应安排普通原料,上大众化菜品,保证每人吃饱吃好。总之,售价是排菜的依据,既要保证餐馆的合理收入,又不使顾客吃亏。

编制筵席菜单时,要充分考虑食品原料成本及菜品赢利能力。为了降低办宴成本、增强宴饮效果,筵席菜单设计者不能崇尚虚华、唯名是崇,也不能贪多求大,造成浪费。所以,原料的进购、菜肴的搭配、筵席的制作、接待服务、营销管理等都应从节约的角度出发,力争以最小的成本,获取最佳的效果。

选择筵席菜品,其品种调配方法有多种:①选用多种原料,适当增加素料的比例;②名特菜品为主,乡土菜品为辅;③多用造价低廉又能烘托席面的高利润菜品;④适当安排技法奇特或造型艳美的菜点;⑤巧用粗料,精细烹调;⑥合理安排边角余料,物尽其用。这既节省成本,美化席面,又能给人丰盛之感。

(四)应时配菜,突出名特物产

这里的"时"指季节、时令。"应时配菜"指设计筵席菜单要符合节令的要求。像原料的选用、口味的调配、质地的确定、色泽的变化、冷热干稀的安排之类,都须视气候不同而有所差异。

首先,要注意选择应时当令的原料。原料都有生长期、成熟期和衰老期。只有成熟期上市的原料,方才滋汁鲜美,质地适口,带有自然的鲜香,最宜烹调。譬如鱼类的食用佳期,鲫、鲤、鲢、鳜是2~4月,鲥鱼是端午前后,鳝鱼是小暑节气前后,甲鱼是6~7月,草鱼、鲇鱼和大马哈鱼是9~10月,乌鱼则为冬季。其次,要按照节令变化调配口味。"春多酸、夏多苦、秋多辣、冬多咸,调以滑甘";夏秋偏重清淡,冬春趋向醇浓。与此相关联,冬春筵席习饮白酒,应多用烧菜、扒菜和火锅,突出咸、酸,调味浓厚;夏秋筵席习饮啤酒,应多用炒菜、烩菜和凉菜,偏重鲜香,调味清淡。最后,要注意菜肴滋汁、色泽和质地的变化。夏秋气温高,应是汁稀、色淡、质脆的菜肴居多;春冬气温低,要以汁浓、色深、质烂的菜肴为主。

(五)营养配膳,席面贵在变化

饮食是人类赖以生存的重要物质。人们赴宴,除了获得口感上、精神上的享受之外,主要还是借助筵席补充营养,调节人体机能。筵席是一系列菜品的组合,完全有条件构成一组平衡的膳食。所谓膳食平衡,即人们从膳食中获得的营养物质与维持正常生理活动所需要的物质,在量和质上基本一致。配置筵席菜肴,要多从宏观上考虑整桌菜点的营养是否合理,而不能单纯累计所用原料营养素的含量;还应考虑这组食品是否利于消化,是否便于吸收,以及原料之间的互补效应和抑制作用如何。在理想的膳食中,脂肪含量应占17%~25%,碳水化合物的含量应占60%~70%,蛋白质的含量应占12%~14%;成人每日摄取的总热量应在2200~2800千卡之间。与此同时,筵席中的膳食还要提供相应的矿物质、丰富的维生素和适量的植物纤维。当今世界时兴"彩色营养学",要求食品种类齐全,营养比例适当,提倡"两高三低"(高蛋白、高维生素、低热量、低脂肪、低盐)。而我国传统的筵席往往片面追求重油大荤,忽视素料的使用;过分讲究造型,忽视营养素的保护利用。所以,现今选择菜点,应适当增加植物性原料,使之保持在1/3左右;此外,在保证筵席风味特色的前提下,还须控制用盐量,清鲜为主,突出原料本味,以维护人体健康。

在注重筵席营养的同时,不可忽视菜品之间的相互协调。筵席既然是菜品的组合艺术,理所当然要讲究席面的多变性。要使席面丰富多彩,赏心悦目,在菜与菜的配合上,务必注意冷热、荤素、咸甜、浓淡、酥软、干稀的调和。具体地说,要重视原料的调配、刀口的错落、色泽的变换、技法的区别、味型的层次、质地的差异、餐具的组合和品种的衔接。其中,口味和质地最为重要,应在确保口味和质地的前提下,再考虑其他因素。

三、筵席菜单设计方法

筵席菜单设计的过程,分为设计前的调查、设计中的推敲和设计后的检查三个阶段,现分述如下。

(一)设计前的调查

根据菜单设计的相关原则,在着手进行筵席菜单设计之前,首先必须做好相关的调查研究工作,以保证菜单设计的可行性、针对性和高质量。调查研究主要是了解宴请活动的有关情况。调查越具体,了解的情况越详尽,设计就越心中有底,越能与顾客的要求相吻合。

1. 调查的主要内容

(1)宴会的目的、性质、筵席主题或名称。

(2)筵席的接待标准。

(3)筵席的地方特色风味。

(4)出席宴会的人数,或筵席的桌数。

(5)宴会的日期及筵席开餐时间。

(6)宾客尤其是主宾对筵席菜品的要求,他们的职业、年龄、生活地域、风俗习惯、生活特点、饮食喜好与忌讳等。

(7)对于高规格的筵席,或者是大型宴会,除了解以上几个方面的情况外,还要掌握更详尽的信息,特别是订席人的特殊要求。

2. 分析研究

在充分调查的基础上,要对获得的信息材料加以分析研究。首先,对有条件或通过努力能办到的,要给予明确的答复,让顾客满意;对实在无法办到的要向顾客做解释,使他们的要求与酒店的现实可能性协调起来。

其次,要将与筵席菜单设计直接相关的材料和其他方面的材料分开来处理。

最后,要分辨筵席菜单设计有关信息的主次、轻重关系,把握住缓办与急办的区别。例如有的筵席预订的时间早,菜单设计有充裕的时间,可以做好多种准备;而有的筵席预订留下的时间只有几小时,甚至是现场设计,菜单设计的时间仓促,必须根据当时的条件和可能,以相对满足为前提设计筵席菜单。

总之,分析研究的过程是协调酒店与顾客关系的过程,是为下一步有效地进行筵席菜单设计明确设计目标、设计思想、设计原则和掌握设计依据的过程。

(二)设计中的推敲

筵席菜单的菜品设计,通常有确定菜单设计的核心目标、确定筵席菜品的构成模式、选择筵席菜品、合理排列筵席菜品及编排菜单样式等五个步骤,少数筵席菜单还要另列"附加说明"。

1. 确定菜单设计的核心目标

目标是筵席菜单设计所期望实现的状态。筵席菜单的目标状态,是由一系列的指标来描述的,它们反映了筵席的整体状态。筵席的核心目标是由筵席的价格、宴会的主题及筵席的风味特色共同构成的。例如,荆州某酒店承接了每席定价为1200元的婚庆喜宴20桌的预订。这里的婚庆喜宴即宴会主题,它对筵席菜单设计乃至整个宴饮活动都很重要。这里的每席1200元的定价即筵席价格,它是设计筵席菜单的关键性影响因素,它与筵席菜品成本和利润直接相关,涉及每一道菜品的安排,也涉及顾客对这一价格水平的筵席菜品的期望。筵席的风味特色是筵席菜单设计所要体现的总的倾向性特征,因而也涉及每道菜及其相互联系的问题。这里所选的菜品要能突出荆南风味,它是筵席菜单设计需特别看重的一点,顾客对此最为关注。

我们设计筵席菜单,首先必须明确筵席的核心目标。待核心目标确定后,再逐一实现其他目标。

2. 确定筵席菜品的构成模式

筵席菜品的构成模式即筵席菜品的格局。前面已经介绍过,现代中式筵席的结构主要由冷菜、热菜和饭点蜜果三大部分所构成。虽然各地的排菜格局不尽相同,但同一场次的筵席绝大多数是根据当地的习俗选用一种排菜格局。

确定筵席的排菜格局,必须根据筵席类型、就餐形式、筵席成本及规划菜品的数目,细分出每类菜品的成本及其具体数目。在此基础上,根据筵席的主题及风味特色定出一些关键性菜品,如彩碟、头菜、座汤、首点等,再按主次、从属关系确定其他菜品,形成筵席菜单的基本架构。

为了防止筵席成本分配不合理,出现"头重脚轻""喧宾夺主""满员超编""尾大不掉"等比例失调的情况,在选配筵席菜点前,可先按照筵席的规格,合理分配整桌筵席的成本,使之分别用于冷菜、热菜和饭点蜜果。通常情况下,这三组食品的成本比例大致为:10%~20%、60%~80%、10%~20%。例如,一桌成本为 800 元的中档酒席,这三组食品的成本分别为:冷碟 120 元,热菜 560 元,饭点茶果 120 元。在每组食品中,又须根据筵席的要求,确定所用菜点的数量,然后,将该组食品的成本再分配到每个具体品种中去;每个品种有了大致的成本后,就便于决定使用什么质量的菜品及其用料了。尽管每组食品中各道菜点的成本不可能平均分配,有些甚至悬殊较大,但大多数菜点能够以此作为参照的凭据。又如上述筵席,如果按要求安排四双拼,则每道双拼冷盘的成本应在 30 元左右,不可能使用档次过高或过低的原材料。

3. 选择筵席菜品

明确了整桌筵席所用菜品的种类、每类菜品的数量、各类菜品的大致规格后,接下来就要确定整桌筵席所要选用的菜点了。筵席菜品的选择,应以筵席菜单的编制原则为前提,还要分清主次详略、讲究轻重缓急。一般来说,第一步要考虑宾主的要求,凡答应安排的菜点,都要安排进去,使之醒目。第二步要考虑最能显现筵席主题的菜点,以展示筵席特色。第三步要考虑饮食民俗,当地同类酒席的习用菜点要尽量排上,以显示地方风情。第四步要考虑筵席中的核心菜点,如头菜、座汤等,它们是整桌筵席的主角,与筵席的规格、主题及风味特色等联系紧密,没有它们,筵席就不能纲举目张,枝干分明。这些菜点一经确立,其他配套菜点便可相应安排。第五步要发挥主厨所长,推出拿手菜点,或亮出本店的名菜、名点、名小吃。与此同时,特异餐具也可作为选择对象,借以提高知名度。第六步要考虑时令原料,排进刚上市的土特原料,突出筵席的季节特征。第七步要考虑货源供应情况,安排一些价廉物美而又便于调配花色品种的原料,以便于平衡筵席成本。第八步要考虑荤素菜肴的比例。论是调配营养、调节口感还是控制筵席成本,都不可忽视素菜的安排,一定要让素菜保持合理的比例。第九步要考虑汤羹菜的配置,注重整桌菜品的干稀搭配。第十步要考虑菜点的协调关系,以菜肴为主,点心为辅,互为依存,相互辉映。

4. 合理确定筵席菜品

筵席菜品初步选出之后,还须根据筵席的结构,参照所订筵席的售价,进行合理筛选或补充,使整桌菜点在数量和质量上与预期的目标趋近一致。待所选的菜品确定后,再按照筵席的上菜顺序将其排列,形成完整的筵席菜单。

菜品的筛选或补充,主要看所用菜点是否符合办宴的目的与要求,所用原料是否搭配合理,整个席面是否富于变化,质价是否相称,等等。对于不太理想的菜点,要及时掉换,重复多余的部分,应坚决删去。

现今餐饮业的部分管理人员、服务人员及少数主厨编制筵席菜单,喜欢借用本店或同类酒店的套宴菜单,从中替换部分菜品,使得整桌筵席的销售价格与定价基本一致。这种借鉴的方式虽然简便省事,但一定要注意菜品的排列与组合。整桌菜点在数量、质量及特色风味上一定要与预期的目标趋近一致。

5. 编排菜单样式

筵席菜单不仅强调菜品选配排列的内在美,也很注重菜目编排样式的形式美。

编排菜单的样式,其总体原则是醒目分明、字体规范、易于识读、匀称美观。

中餐筵席菜单中的菜目有横排和竖排两种。竖排有古朴典雅的韵味,横排更适应现代人的识读习惯。菜单字体与大小要合适,让人在一定的视读距离内,一览无余,看起来疏朗开放、整齐美观。要特别注意字体风格、菜单风格、宴会风格三者之间的统一。例如,扬州迎宾馆宴会菜单封面、封底是以扬州出土的汉瓦当图案的底纹,这和汉代宫殿风格的建筑相匹配,更契合扬州自汉代开始便兴盛发达、名扬天下的悠久历史。菜单内面上的菜名字体选用的是隶书,因为隶体书法比电脑打印的隶体更显典雅珍贵,三种风格以一种完美的审美形式统一起来了。

附外文对照的筵席菜单,要注意外文字体及大小、字母大小写、斜体的应用、浓淡粗细的不同变化。其一般视读规律是:小写字母比大写字母易于辨认,斜体适合于强调部分,阅读正体和小写字母眼睛不易疲劳。

此外,在筵席菜单上可以注明酒店(餐馆)名称、地址、预订电话等信息,以便进一步推销筵席,提醒客人再度惠顾。

6. 菜单附加说明

有的筵席菜单,除了正式的菜单外,还有"附加说明"。"附加说明"不是画蛇添足,而是对筵席菜单的补充和完善。它可以增强席单的实用性,充分发挥其指导作用。

筵席菜单的"附加说明",一般涵盖如下内容:

(1)介绍筵席的风味特色、适用季节和适用场合。

(2)介绍筵席的规格、宴会主题和办宴目的。

(3)分类列出所用的烹饪原料和餐具,为操办筵席做好准备。

(4)介绍席单出处及有关的掌故传闻。

(5)介绍特殊菜点的制作要领以及整桌筵席的具体要求。

(三)设计后的检查

筵席菜单设计完成后,需要进行全面检查。检查分两个方面:一是对设计内容的检查,二是对设计形式的检查。

1. 筵席菜单设计内容的检查

(1) 是否与宴会主题相符合。

(2) 是否与价格标准或档次相一致。

(3) 是否满足了顾客的具体要求。

(4) 菜点数量的安排是否合理。

(5) 风味特色和季节性是否鲜明。

(6) 菜品间的搭配是否体现了多样化要求。

(7) 整桌菜点是否体现了合理膳食的营养要求。

(8) 是否突现了设计者的技术专长。

(9) 烹饪原料是否能保障供应,是否便于烹调操作和接待服务。

(10) 是否符合当地的饮食民俗,是否显示地方风情。

2. 筵席菜单设计形式的检查

(1) 菜目编排顺序是否合理。

(2) 编排样式是否布局合理、醒目分明、整齐美观。

(3) 是否和宴会菜单的装帧、艺术风格相一致,是否和宴会厅风格相一致。

在检查过程中,如果发现有问题的地方要及时改正过来,发现遗漏的要及时补上去,以保证筵席菜单设计质量的完美。如果是固定式筵席菜单,设计完成后即直接用于宴会经营;如果是为某个社交聚会设计的专供性筵席菜单,设计后,一定要让顾客过目,征求意见,得到顾客认可;如果是政府指令性筵席菜单设计,要得到有关领导部门的同意。

第三节 荆楚风味筵席台面与台形设计

幽雅大方的就餐环境与实用美观的筵席台面设计,将为客人营造出良好的就餐氛围。优质的宴会服务能够提升赴宴宾客的满意度,能给酒店带来积极的口碑。荆楚风味筵席的台面与台形设计主要由服务人员来完成,它在整个宴饮活动中占有重要地位。

一、宴会场景设计

宴会场景设计是指针对筵席进餐场地的布置、装饰以及餐桌椅排列而制订的方案或图样。宴会场地是宾客的主要活动场所,其设计的好坏直接影响到宴饮效果。

(一)宴会场景设计原则

1. 符合主题,富于美感

举办宴会的目的不同,其所表现的主题也各有差异。宴会场景设计必须依据其主题来确定环境气氛的基调,如庄重、热烈、隆重、典雅、豪华等,使其具有某一地方特色与民族特色。

2. 中心突出,方便实用

宴会的讲台、主台等中心位置要明显突出,桌椅之间的排列要整齐美观,方便客人进餐出入和服务人员服务。设计时还要考虑餐厅内的客观条件和具体情况,不可千篇一律。

(二)场景设计的基本技法

1. 确定餐台

确定餐台,即指定好餐台的类别、形状、数量及规格。主台一般只设1个,安排8~20人就座,用圆台或条形台。鄂式筵席以圆形主台为多,主台的规格为:圆台直径最小为180厘米,长台规格至少为240厘米×120厘米。参加宴会的贵宾较多时,可设若干副主台。它以圆台为主,其大小应在主台和普通台之间,一般是直径为160~180厘米。一般餐台多选用圆台,每席坐10人,其直径至少应为160厘米。备餐台多为长条形,根据餐桌数量和服务要求而设。宴会规模较大时,可设若干临时酒水台,以方便值台员取用,其形状、规格不作统一要求。

2. 确定餐椅

宴会餐椅以靠背椅为主,主台的餐椅可以特殊一些,场地较小时还可选用餐凳,同时还要考虑预备一定数量的备用餐椅。

3. 确定绿化装饰

餐厅绿化装饰区域,一般是在餐厅外两旁、厅室入口、楼梯进出口、餐厅内的边角或隔断处、话筒前、花架上、舞台边沿等,宴会餐台上有时也布置鲜花。盆栽品种可供选用的有盆花、盆果、盆草、盆树、盆景等。一般说来,喜庆宴会可选用盆花,以季节的代表品种为主,形成百花争艳的意境,以示热烈欢快的气氛。

4. 确定标志与墙饰

标志指宴会厅中使用的横幅、徽章、标语、旗帜等。这是表现宴会主题的最直接方式,要根据宴会的性质、目的及承办者的要求来设置。墙饰指宴会厅内四周的字画、匾额、壁毯及其他类型的工艺装饰品,它对整个宴会的环境起着衬托和美化的作用。

5. 确定色彩与灯光

宴会厅内各部分的色彩必须依据一定的美学原理合理搭配,注意色调的和谐及统一。因此要注意对地毯、窗帘、台布、口布、台裙、椅套、服务人员制服等色彩的选择。

鄂式筵席的灯光应设计得明亮、辉煌,在讲台、主台、舞台所处的区域,其光线应当更强一些。席间演出时,餐台区域的光线要调暗些,可以通过调整灯光的亮度、色彩,增减灯具的数量等方式使灯光适合宴会要求,必要时也可辅以烛光,以增加特殊情调。

6. 设计餐台排列平面布局图

餐台排列平面布局图的设计要符合突出主台、整齐划一、出入方便的设计原则。先标上主台、副主台台号,再合理安排其他餐台及活动区域,最后画出宴会的整个场景示意图,并写出图示说明。

7.列出宴会场景布置的物品配置清单

较为简单的物品配置可直接在场景布局示意图上标出,复杂情况下则须另列清单,以便有关人员逐一落实。

二、筵席台面设计

筵席台面的种类很多,通常按餐饮风格划分为中餐筵席台面、西餐宴会台面和中西混合筵席台面;也可按宾客的人数和就餐的规格划分为便宴台面和正式宴会台面。荆楚风味筵席习惯按照台面的用途划分,主要有餐台、看台和花台。

(一)筵席台面设计的基本要求

一个成功的筵席台面设计,既要充分考虑到宾客用餐的需求,又要有大胆的构思、创意,将实用性和观赏性完美地结合。荆楚风味筵席的台面设计通常应满足以下基本要求。

1.根据宾客的用餐要求进行设计

在进行筵席台面设计时,有关每个餐位的大小、餐位之间的距离、餐用具的选择和摆放的位置,首先要考虑宾客用餐的方便和服务员席间服务的方便。

2.根据筵席的主题和档次进行设计

筵席台面设计应突出筵席的主题,例如:婚庆筵席应摆"喜"字席,百鸟朝凤、蝴蝶戏花等台面;寿庆筵席应摆"寿"字席,福如东海、寿比南山等台面。与此同时,筵席台面设计还应考虑到不同筵席档次,根据筵席档次的高低来决定餐位的大小,以及装饰物和餐用具的造价、质地和件数等。

3.根据筵席菜点和酒水特点进行设计

餐用具及装饰物的选择与布置,必须由筵席菜点和酒水特点来确定。不同的筵席配备不同类型的餐用具及装饰物;不同的酒水也应摆设不同的酒具。

4.根据美观性要求进行设计

筵席台面设计在满足以上要求的基础上,还应结合文化传统、美学原则进行创新设计,将各种餐用具加以艺术陈列和布置,起到烘托筵席气氛、增强宾客食欲的作用。

5. 根据卫生要求进行设计

安全卫生是饮食行业提供服务的前提和基础,也是筵席台面设计时应考虑的重要因素之一。要保证摆台所用的餐用具都符合安全卫生的标准,在摆台操作时要注意操作卫生,不能用手抓餐具、杯具的进口或接触食物的部分。

(二)筵席摆台的基本技法

荆楚风味筵席的摆台主要包括铺放台布、安排席位、摆放餐具、美化餐台等操作步骤。其基本技法如下。

1. 选餐台

筵席组织者可根据用餐人数的多少、场地的大小等,选择合适的餐台进行摆台。荆楚筵席一般选用木质圆台,常用直径为160厘米、180厘米、200厘米等规格。

2. 铺台布、下转盘、围餐椅

铺台布分站位、抖台布、撒铺台布及台布落台定位四步。待台布铺好后,在餐台中间摆上转盘底座和转盘,使餐台圆心与转盘圆心重合。

围餐椅应从主人位开始。每把餐椅之间间距相等,并正对餐位。餐椅的前端与桌边平行,注意下垂的台布不可盖于椅面上。

3. 摆放餐具(含公用餐具)

先摆放骨碟、筷子、筷架、汤勺等小件餐具,再摆放水杯、色酒杯、白酒杯等饮具,最后是餐巾的摆放。公共餐用具的摆放包括公用筷子、公用汤勺等公用餐具的摆放和牙签、烟灰缸、菜单、台号等公用用具的摆放。每件物品的摆放都有一定的讲究。

4. 美化餐台

全部餐、用具摆好后,再次整理,检查台面,调整座椅,最后在餐桌中心摆上装饰物品,如花瓶、花篮等。

三、筵席台形设计

筵席台形设计是指将筵席所用的餐桌根据主办人的要求、餐厅的形状以及就餐的人数等排列而成的各种格局。其总体要求是：突出主台，主台应置于显著的位置；餐台的排列应整齐有序、间隔适当，形成一定的几何图形，既方便来宾就餐，又便于席间服务；留出主行道，便于主要宾客入座。

鄂式筵席台形设计的具体要求如下。

(1)鄂式筵席大多使用圆台，餐桌的排列特别注重主桌的位置。主桌应放在面向餐厅主门，能够纵观全厅的位置。将主宾入席和退席要经过的通道辟为主行道，主行道应比其他行道宽敞突出。其他餐台座椅的摆法、背向要以主桌为准。

(2)鄂式筵席不仅强调突出主桌的位置，还十分注意对主桌进行装饰。主桌的台布、餐椅、餐具、花草等应与其他餐桌有所区别。

(3)有针对性地选择台面。每桌10人的台面一般选用直径为160厘米或180厘米的圆桌；每桌12~14人的台面通常选用直径200~220厘米的圆桌，如主桌人数较多，可安放特大圆台，每桌坐20人左右。

(4)摆餐椅时要留出服务员分菜位，其他餐位距离相等。若设服务台分菜，应在第一主宾右边、第一与第二客人之间留出上菜位。

(5)高级别筵席要设分菜服务台。分菜服务通常在服务台上进行。为了方便服务人员操作，服务台摆设的距离要适当。

(6)大型筵席除了主桌外，所有餐桌都应编号。客人可通过座位图知道自己餐桌的号码和位置。

(7)台形排列根据餐厅的形状和大小及赴宴人数的多少来安排，桌与桌之间的距离以方便穿行上菜、斟酒、换盘为宜。一般桌与桌之间的距离不小于1.5米，餐桌距墙的距离不少于1.2米。

(8)大型筵席设计时要根据宴会厅的大小及主人的要求进行设计，设计要新颖、美观、大方,并应强调会场气氛。

(9)合理使用宴会场地。宴会如安排文艺演出或乐队演奏,在安排餐桌时应为之留出一定的场地。

第四节　荆楚风味筵席生产与服务设计

为了使筵席接待工作井然有序、顺利圆满,筵席负责人必须根据主办人的要求和荆楚筵席的标准,制订出相应的工作方案,包括筵席的预订、筵席的准备、菜品的制作、接待与服务、经营管理及质量控制等,并组织实施。

一、筵席的预订

筵席预订是筵席经营活动中不可缺少的一项环节,是筵席生产、服务及销售活动的第一步。宴会预订工作的好坏,直接影响筵席菜单的拟订、宴会场景的布置、宴会台面的设计、宴会厅的人员安排等。它既是客户对酒店的要求,也是酒店对客户的承诺,二者通过预订,达成协议,形成合同,规范彼此行为,指导筵席生产和服务。一个管理得好的饭店或酒店餐饮部,十分重视宴会预订工作,不仅设有专门的宴会预订机构和岗位,还建立和完善了一整套宴会预订管理制度。

(一)筵席预订的方式

筵席预订方式是指客户与筵席预订有关人员接洽、沟通筵席预订信息的手段和过程。荆楚风味筵席的预订方式主要有如下几种。

1.电话预订

电话预订是最常见的一种预订方法,具有方便、经济、直接、明了等特性。由于不是面对面的服务,此类预订方式对沟通技能,尤其是语言表达技巧要求较高。

2. 面洽预订

面洽是顾客到酒店直接与筵席预订人员商谈筵席预订的一种方法。筵席预订人员应主动交换名片,陪同客人参观宴饮场所,介绍本店宴会特色及相关事宜,当面洽谈接待细节,解决宾客提出的特殊要求,讲明付款方式并支付预订款等。

3. 现代通讯预订

现代通讯预订是指利用现代通讯手段,如微信、视频、传真、电子邮件、商务网站等,进行筵席预订。这种预定方式高效、快捷,有利于双向沟通,其跟踪服务很重要。

4. 其他预订

在湖北餐饮行业里,有些酒店还采用了信函预订、登门拜访兼预订等方式,既宣传并推销酒店产品,实现扩大知名度、促进销售的目的,又为客户提供了方便。有的酒店还聘请专业中介公司或本单位职工为一些对酒店比较熟悉的老客户代为预订。

(二)筵席预订程序与主要内容

宴会预订的方式多种多样,其基本流程与主要内容如下。

1. 接受预订,明确客人基本情况与要求

接受客人的电话预订、面洽预订时,要做好详细笔录,明确客人的基本情况与具体要求。如筵席预订人的姓名、单位、联系电话和传真号码;筵席的时间、性质与桌数;每席的费用标准与具体要求;宴请的主要对象与饮食嗜好;主打菜肴及菜式要求;餐厅、舞台装饰及其他特殊要求。

2. 介绍酒店、餐厅的餐饮服务情况

如筵席厅或多功能厅的名称、面积、设备配置情况及接待能力;可提供的菜式、产品、招牌菜及价格;可提供的酒水、点心、娱乐康乐产品及其价格等;经办人的姓名、电话号码、单位的传真号码及接受缴纳定金的银行开户账号,以及营销优惠政策等。

3. 双方协商筵席合同细节

共同敲定具体的菜单、酒水单及其他需另外收费的相关产品与服务；餐厅、酒店视交易情况可提供的各种优惠措施及无偿赠送的产品与服务；定金、付款方式及下一步的联络方式；其他重要细节。

4. 制作详细的筵席预订合同书

筵席预订合同书是一种特殊的经济合同文书，其内容应包括客人预订的具体细节、经双方共同协商确定的有关条款及违约所应承担的责任与赔偿金额。

5. 制订筵席接待计划

筵席部在接受了顾客缴纳的定金之后，应立即着手制定筵席接待计划。筵席接待计划主要包括：项目名称（筵席主题）；预订者的姓名、地址、单位名称、电话、传真号码；筵席日期、时间、地点；菜式、席数；定金数额、付款方式、酒店筵席销售代表；费用标准；筵席餐桌摆设及筵会厅内部装饰；厨房应准备的菜品；各个部门所应承担的任务；酒店、餐厅拟提供的优惠政策；本项目的最终审批人、文件报送的部门及有关负责人的名单；筵席菜单、筵席厅餐桌的平面摆设布局、赠送房间预订登记、派车预订申请、宴会厅或多功能厅预订申请。

（三）筵席预订的注意事项

（1）筵席接待计划在提交餐饮部总监审批之后，应分别将有关文件及其副本分发到各有关部门，提请他们提前做好准备。

（2）提前一周再次向客户进行预订确认，提醒对方若取消预订，酒店将不退还其预付的定金。

（3）将顾客预订确认的有关信息及时反馈给酒店、餐厅有关部门和领导，以便各部门能及时采取一些有关的对策与措施。

二、筵席菜品生产设计

筵席菜品生产活动是执行筵席设计的主要活动。筵席菜单所确定的菜品，只是停留在计划中的一种安排，它的实现主要依靠生产活动。只有通过生产活动才能把处于计划中的菜品设计转化为现实的物质产品——菜品,然后才能提供给顾客。丁应林教授在其编著的《宴会设计与管理》一书中认为,筵席菜品的生产设计主要涵盖筵席菜品的生产过程及筵席菜品生产实施方案的编制等内容,它是保证筵席设计得以实现的基本活动。

(一)筵席菜品的生产过程

筵席菜品的生产过程是指接受筵席任务后,从制订生产计划开始,直至把所有筵席菜品生产出来并输送出去的全部过程。

筵席菜品生产过程的构成,一般是根据各个阶段的地位和作用来划分,可分为制订生产计划阶段、烹饪原料准备阶段、辅助加工阶段、基本加工阶段、烹调与装盘加工阶段和菜品成品输出阶段等。

1. 制订生产计划阶段

这一阶段是根据筵席任务的要求,根据已经设计好的筵席菜单,制订如何组织菜品生产的计划。

2. 烹饪原料准备阶段

烹饪原料准备是指菜品在生产加工以前进行的各种烹饪原料的准备过程。准备的内容是根据已制订好的烹饪原料采购单上的内容要求进行的。准备的方式有两种:一种是超前准备,如干货原料、调味原料、可冷冻冷藏的原料等,提前在生产加工前采购验收入库保存;另一种是在规定时间内即时采购,如新鲜的蔬菜,或活禽、活水产等动物原料等,在进行加工之前的规定时间内采购回来。

3. 辅助加工阶段

辅助加工阶段是指为基本加工和烹调加工提供净料的各种预加工或初加工过程。例如,各种鲜活原料的初步加工、干货原料的涨发等。

4. 基本加工阶段

基本加工阶段是指将烹饪原料变为半成品的过程。例如,热菜是指原料的成形加工和配菜加工,并为烹调加工提供半成品;点心是指制馅加工和成形加工;而冷菜则是熟制调味,或对原料的切配调味。

5.烹调与装盘加工阶段

烹调加工是指将半成品经烹调或熟制加工后,成为可食菜肴或点心的过程。例如,菜肴经配份后,需要加热烹制和调味,使之成菜;点心经包捏成形后,经过蒸、煮、炸、烤等方法成熟。成熟后的菜肴或点心,再经装盘工艺,便成为一个完整的菜品成品。冷菜则是在热菜烹调、点心制熟之前先行完成了装盘。

6.成品输出阶段

成品输出阶段是指将生产出来的菜肴、点心及时有序地上席,以保证宴会正常运转的过程。从开宴前第一道冷菜上席,到最后一道水果上席,菜品成品输出是与宴会运转过程相始终的。

构成筵席菜品生产过程的六个阶段,因生产加工的重点不同而有所区别,甚至是相对独立的,但是作为整个过程的组成部分,由于前后工序的连接和任务的规定性,它们又是紧密联系、协同作用的。

(二)筵席菜品生产实施方案的编制

筵席菜品生产实施方案,是在接到筵席任务通知书、确定了筵席菜单之后,为完成筵席菜品生产任务而制订的计划书。

1.筵席菜品生产实施方案的编制步骤

筵席菜品生产实施方案是根据筵席任务的目标要求编制的用于指导和规范筵席生产活动的技术性文件,是整个筵席实施方案的组成部分。其编制步骤如下:

(1)充分了解筵席任务的性质、目标和要求。

(2)认真研究筵席菜单的结构,确定菜品生产量、生产技术要求。

(3)制订标准菜谱,开出筵席菜品用料标准单,初步核算成本。

(4)制订筵席生产计划。

(5)编制筵席菜品生产实施方案。

2.筵席菜品生产实施方案的内容

(1)筵席菜品用料单。筵席菜品用料单是按实际需要量填写的,即是按照设计需要量加上一定的损耗量填写的。设计的需要量是理想用量,在实际应用中,由于市场供应原料的状况、原料加工等多种因素的影响,会产生一定数量的损耗,也就是说实际需要量会大于设计需要量。有了用料单,可以对贮存、发货、实际用料进行筵席食品成本跟踪控制。

(2)原材料定购计划单。原材料定购计划单是在用料单的基础上填写的。填写原材料采购计划单时,如果所需原料品种在市场上有符合要求的净料出售,则写明是净料;如果市场上只有毛料而没有净料,则需要先进行净料与毛料的换算后再填写。

原料数量一般是需要量乘以一定的安全保险系数,然后减去库存数量后得到的数量。对原材料的质量要求一定要准确地说明,如有特别要求的原料,则将希望达到的质量要求在备注栏中清楚地写明。此外,原料的供货时间要填写明确,不填或误填都会影响菜品生产。

(3)生产设备与餐具的使用计划。在筵席菜品生产过程中,需要使用多种设备及不同规格的餐具等。所以,要根据不同筵席任务的生产特点和菜品特点,制订生产设备与餐具使用计划,并检查落实情况、完成情况和使用情况,以保证生产的正常运行。特别是筵席菜品所涉及的一些特殊设备与餐具,更应加以重视。

(4)筵席生产分工与完成时间计划。除了临时性的紧急任务外,一般情况下,应根据筵席生产任务的需要,尤其在有大型筵席或高规格筵席任务时,对有关宴会生产任务进行分解和人员配置及人员分工,明确职责,并提出完成任务的时间要求。

(5)筵席生产的影响因素与处理预案。筵席生产的影响因素主要有原料因素、设备条件、生产任务的轻重难易、生产人员的技术构成和水平等;影响筵席生产的主观因素主要有生产人员的责任意识、工作态度、对生产的重视程度和主观能动性的发挥水平。为了保证生产计划的贯彻执行和生产有效运行,应针对可能影响筵席生产的主客观因素提出相应的处理预案。

另外,在执行过程中,要加强现场生产检查、督导和指挥,及时进行调节控制,能有效地防止和消除生产过程中出现的一些问题。

三、筵席服务设计

随着社会的发展与进步,人们请客设宴不仅讲究菜品品质质量,注重膳食营养卫生,而且重视宴饮就餐环境,强调服务质量水平。为突出宴饮氛围,实现宴请目标,从事筵席生产与销售的各类酒店在进行服务设计时,对于筵席的服务程序、服务礼仪的具体要求皆有一整套严格规程。

(一)筵席服务程序设计

1. 筵席服务准备工作

筵席服务准备工作包括掌握情况、人员分工、场地布置、熟悉菜单、物品准备、筵席摆台、摆放冷盘、全面检查等。

荆楚风味筵席的每项服务准备工作均有既定的工作规范,只有严格遵守工作规范,方能确保宴饮顺利进行。

2. 筵席间就餐服务

荆楚风味筵席的筵席间就餐服务主要包括迎宾服务、宾客入席、斟倒酒水、上菜服务及席间服务等接待规程。

迎宾服务应在宾客到达前迎候在宴会厅门口,热情迎接,微笑问好。宾客入席时,服务员要面带微笑,欢迎宾客,并主动为宾客拉椅让座。宾客入席后,要帮助宾客铺餐巾、除筷套,并撤掉台号、席次卡等。斟倒酒水应从主宾开始,再到主人,然后按顺时针方向依次进行。上菜服务应以主桌为准,先上主桌,再按桌号依次上菜;每上一道新菜,要向宾客介绍菜名、风味特点及食用方法。席间服务要勤巡视,勤斟酒,勤换骨碟、烟灰缸,细心观察宾客的表情及示意动作并主动服务。

3. 筵席收尾工作

荆楚风味筵席的筵席收尾工作主要包括结账送客、收台检查及清理现场等。

筵席结束时,服务员要征求宾客意见,提醒宾客带好自己的物品。清点好消费酒水总数,以及菜单以外的各种消费。付账时,应将账单交宾客或筵席经办人签字后送收款处核实,及时送财务部入账结算。待宾客全部离开后,应立即清理台面。按照先餐巾、毛巾和金器、银器,然后酒水杯、瓷器、筷子的顺序分类收拾。将所有餐具、用具回复原位,摆放整齐,做好清洁卫生工作,保证下次筵席顺利进行。

(二)筵席服务礼仪设计

生产与经营荆楚风味筵席,无论是筵席预订、菜单设计、餐室美化、菜品制作,还是接待服务、餐饮推销,时时刻刻都应突出"以礼待客"这一中心思想。古语说:"设宴待佳宾,无礼不成席。"为了使荆楚筵宴的接待工作井然有序,顺利圆满,筵席负责人必须根据主办人的要求和筵席的标准,制订出相应的工作方案,精心组织菜品生产,热情从事接待与服务,高度重视服务礼仪。

1. 国宴接待礼仪

国宴是以国家名义举行的高规格宴席。宴会厅内高悬国旗,有正规管乐队或军乐队演奏国歌、迎宾曲或欢快的民族乐曲。宴会开始时国家领导人致欢迎词或发表贺词,来访的国宾致答词。席间宾主互相祝酒表示友谊和尊重。国宴的请柬和席卡上印有国徽和菜谱,接待服务要符合高规格的礼仪要求,同时在清洁卫生和安全保卫工作方面也有一系列严格规定。

从形式看,国宴有欢迎宴、送别宴、午宴、晚宴、国庆招待会、新年招待会、冷餐酒会种种,规格与人数可灵活变化。它往往采用分餐制和大桌面,时间控制在1小时左右。接待服务按外交部礼宾司的规定进行。工作人员经过正规培训,文化素质高,仪容风度好,具有高度的责任心和娴熟的业务技能,熟悉各国各民族的风土人情,遵守外事纪律,能表现出中华民族的优良风范。

2. 公务宴接待礼仪

公务宴是指政府部门、事业单位、社会团体以及其他非营利性机构或组织因交流合作、庆功庆典、祝贺纪念等有关重大公务事项接待国内外宾客而举行的宴席。通常是在接风饯行、签订协议、庆功颁奖、联络友情、酬谢赞助、演出比赛或重大活动时举行。

公务宴的规格低于国宴,但仍注重礼仪,讲究格局。同时由于它的形式较为灵活,场所没有太多的限制,规模一般不大,更便于开展公关活动,因而在社会上应用普遍,很受欢迎。

公务宴的接待要旨是:①接待的等级应与主宾身份相称;②陪同人员与服务人员必须精干;③国际礼仪与民族礼仪并重;④程式不要过于烦琐;⑤突出小、精、全、特、雅的风格;⑥着意烘托友好的气氛,多给宾主一些活动空间和交谈时间。

3. 商务宴接待礼仪

商务宴席主要系指工商企业开张志庆、洽谈业务、推销产品、酬谢客户、进行公关活动、塑造企业形象时筹办的酒筵。其档次大多较高,桌次多少不等,经常在中、高级酒楼、饭店或宾馆中举行,对于接待礼仪和服务规程有较高要求。

首先,商务宴常和商务谈判同时进行。它要求宾馆、酒店除了提供洁净的餐室之外,还要提供宽敞、舒适的谈判会场和签约会场,以及电脑、电传等现代化办公设备和训练有素的文秘人员。因此,高效率、保密性和良好的环境氛围十分重要。

其次,商务宴的参加者大多是一些文化层次较高、餐饮经验丰富、烹饪审美能力较强的人士。为使商务活动成功,其宴饮规格通常相对较高,用以满足其高消费需求。

最后,从商者都有一种趋吉避凶的心态,追求好的口彩,期盼"生意兴隆通四海,财源茂盛达三江"。所以承接此类宴席,要更为注意商业心理学、市场营销学和公共关系学的运用,着意营造一种"和气生财""大发大旺"的环境气氛。

开业宴会是企业宣布正式对外开展业务时酬谢领导、来宾和客户的大型宴请活动,一般都有 10~20 桌,档次往往偏高。它常租用一些知名的酒楼或饭店举行,接待礼仪要求较严。通常是餐厅大门要悬挂"热烈祝贺××开业"的大红横幅,门前摆放花篮,主人迎宾时有乐队伴奏,服务员应佩戴有企业标志的绶带,导引每一位客人。入座后一般有简短的仪式,主人致词,主宾祝酒;此时服务人员应将盛满红酒的高脚酒杯用托盘及时送到每位客人手中。上菜以后,更需勤加巡看,全面提供筵间服务,对于老弱妇女要多照应,从始到终都要听从主人的指挥。

竣工宴是某个项目或工程完工、通过验收、交付使用时举办的大型宴请活动。它往往带有四个目的:第一,表彰和感谢为之付出辛劳的英模和员工;第二,答谢有关方面的支持与合作;第三,欢迎上级和专家组前来指导;第四,与工程或项目的委托方洽谈某些事宜。

现今的许多竣工宴会习惯于在现场举行自助餐或酒会,委托某一酒楼操办。其优越性是占尽"地利",可以利用工程及竣工典礼会场作为背景,场面开阔,气氛热烈;困难是菜点要就地制作或用保温箱运来,厨师和服务人员劳动强度大,常常是一人要顶数人用。因此必须统一指挥,有效调度,忙而不乱,从容不迫,礼仪一一到位。

4. 亲情宴接待礼仪

亲情宴主要包括民间个体所举办的红白喜宴、岁时节日宴、接风饯行宴等。

红白喜宴是指各个家庭为其成员举办的诞生礼、成年礼、婚嫁礼、寿庆礼、或丧葬礼时置办的酒宴。一般都有告知亲朋、接受赠礼、举行仪式、酬谢宾客等程序,多在餐馆、酒楼举办,每次 3~20 桌,接待要求各不相同。

团年宴的接待首重气氛。餐厅应当张灯结彩,欢快和乐。桌面、餐具、台布乃至服务员的工作服,都宜为红色,充满喜气洋洋的热烈氛围。菜品应突出乡土风味,多用"吉语",力求丰盛大方,多彩多姿。

接风饯行宴多见于亲朋好友之间的送往迎来,多在客人到达的当日或客人离开的前夜分别举行。其席面大多精致,陪客一般不多,席上免去了许多礼俗,重在宾主之间推心置腹的交谈,有"酒逢知己千杯少"的意味。它要求服务人员尽量减少干扰,给宾主们更多的自由空间。

乔迁宴多是普通家庭祝贺新房落成或搬迁新居时举行的答谢亲友、乡邻、领导、同事的中型宴聚活动。这种酒席,南方盛于北方,农村盛于城市。乔迁宴会属于喜筵,接待礼仪的要旨是祝贺、欢庆,故而各个服务细节都应当与此相吻合。

5. 便宴接待礼仪

便宴系指零星顾客三五相邀、临时点菜就餐的便席。其接待仪程包括热情迎宾、导引安座、送茶递巾、礼貌询问、介绍菜点、开单下厨、台位摆设、上酒布菜、餐间服务、准确结算、征询意见、致谢送别等十多道环节,通常由迎宾员、值台员、传菜员、收银员分工协作完成。

在便宴接待中,还要做好开堂前的准备工作和打烊后的收尾工作,如清洁卫生、清点用物、查看意见簿、交接班之类,较为琐细和辛劳。便宴接待的关键是以礼相待、一视同仁、诚信无欺、任劳任怨。

第三章　荆楚风味宴会席设计

荆楚风味筵席品目众多,体系纷繁,主要是由荆楚风味宴会席和荆楚风味便餐席所构成。荆楚风味宴会席根据其性质和主题的不同,可细分为公务宴(包含国宴)、商务宴和亲情宴(包含人生仪礼宴、岁时节日宴)等类型。掌握此类筵席的菜品设计要求,有助于提高经营者的经营管理水平,提升餐饮企业的市场竞争力。

第一节　荆楚风味公务宴设计

一、公务宴的设计要求

公务宴,是指政府部门、事业单位、社会团体以及其他非营利性机构或组织因交流合作、庆功庆典、祝贺纪念等有关重大公务事项接待国内外宾客而举行的餐桌服务式筵席。这类筵席的主题与公务活动有关,一般都有明确的接待方案、既定的接待标准。筵席的主持人与参与者多以公务人员的身份出现,筵席的环境布置、菜单设计、接待仪程、服务礼节要求与筵席的主题相协调,宴饮的接待规格一定要与宾主双方的身份相一致。它注重宴饮环境,强调接待规程,重视筵宴风味,讲究菜品质量,公务特色鲜明,气氛热烈庄重,多由指定的接待部门来完成,深受社会各界关注。

二、荆楚风味公务宴赏鉴

(一)国宴赏鉴

国宴,是国家元首或政府首脑为国家重大庆典,或为外国元首、政府首脑到访而以国家名义举行的最高规格的宴会。国宴政治性强,礼节仪程庄重,筵席环境典雅,宴饮气氛热烈。根据宴会主题的不同,国宴有欢迎宴会、送别宴会、国庆招待会、新年招待会、主题公务宴会等类型,以中式宴会席居多。国宴的设宴地点往往是根据接待对象、接待场所及宴饮规模而定。在湖北,设置国宴的场地主要有武汉的东湖宾馆、宜昌的桃花岭饭店等。

国宴成功与否在很大程度上取决于菜单设计与菜点制作。国宴菜单须依据宴会标准与规模,主宾的宗教信仰和饮食嗜好,以及时令季节、营养要求和进餐习俗等因素综合设计与科学调配。国宴所用菜品通常按照"以味为核心、以养为目的"的设计要求进行设计,菜品的档次不一定很高,但其菜单设计、菜品制作和接待服务都要符合最高规格。我国目前的国宴菜品通常是以中餐为主,西餐为辅;菜品的数量精炼,主要突出热菜,另加适量的冷菜、水果和点心;中西餐具并用,实施分餐制,进餐时间一般控制在 1 小时以内。

下面是设置于武汉东湖宾馆用以宴请朝鲜金日成主席的国宴,可供鉴赏。

1958 年底,金日成主席率领代表团访华,毛泽东主席在武汉东湖宾馆举行盛大国宴招待朝鲜朋友。其国宴菜单不便外传,这里根据该店职工回忆,结合当时的文献资料,模拟出一份宴请菜单:

冷菜:糖醋油虾、松花皮蛋、麻辣鱼块、腊味合蒸

热菜:鸡粥鱼肚、红扒蹄髈、牛腩芋头、清蒸樊鳊、炒萝卜樱、鱼圆鸡汤

主食:地菜春卷、三鲜豆皮

说明:东湖宾馆坐落于风景秀丽的武汉东湖之滨,庭院面积 0.83 平方公里。宾馆东院与东湖公园相临,西院与珞珈山、磨山隔岸相望,院内高树如云,鸟语花香,鹭飞鹤翔,自然环境优美,政治人文资源丰厚,素有"湖北国宾馆"之

称,曾经接待过毛泽东、周恩来、邓小平、江泽民、胡锦涛等历代领导人及许多外国元首和贵宾。毛泽东主席曾44次下榻东湖宾馆,这里是毛主席在新中国成立后除北京中南海之外,居住次数最多、时间最长的地方,留下了《水调歌头·游泳》等不朽篇章。

本次国宴是在国家经济困难的背景下,由杨纯清等国宴名厨设计与制作。虽然菜品规格不高,但它场面宏大、朴实大方,表达了主人的真挚情谊,彰显了"鱼米之乡"的饮馔风情。

(二)专宴赏鉴

专宴,亦称公宴,是地方政府、事业单位、社会团体、科研院所或一些知名人士牵头举办的正式宴会,多用于接待国内外贵宾、签订协议、酬谢专家、联络友情、庆功颁赏或重大活动时举行。专宴的规格低于国宴,但仍注重礼仪,讲究格局;同时由于它形式较为灵活,场所没有太多限制,规模一般不大,更便于开展公关活动,因而在社会上很受欢迎。

专宴的形式多种多样,有使团的外事活动,有政界的交往酬酢,有社会名流的公益活动,有国际会议的接待安排。承办场地可以是星级宾馆、酒楼饭店,还可以是军营、寺庙乃至家庭,桌次可多可少,规格可高可低。

设计专宴菜单,最为注重的是明确办宴目的、突出宴会主题。既要体现宴会席菜单设计的一般规则,又要符合"专人、专事、专办"的具体设计要求;既要按需配菜,迎合主宾嗜好,又要符合接待要求,体现接待规格。

例如,宜昌桃花岭饭店政务接待宴。

桃花岭饭店(五星级酒店)地处湖北省宜昌市中心,建于1957年,是宜昌市中外宾客商务、旅游及举行会议的理想场地,素有宜昌"国宾馆"之誉。院内古木参天,桃香四溢,拥有浓郁巴楚文化特色和园林庭院式风格,可同时容纳1500余人就餐。下面是宜昌桃花岭饭店行政总厨杨善全(中国烹饪大师、十大鄂菜名师之一)设计并主持制作的政务接待筵席,可供鉴赏。

宜昌桃花岭饭店政务接待宴

冷菜：姜汁嫩仔鸡　　面酱乳黄瓜

　　　凉拌鱼腥草　　卤水牛腱子

热炒：鲜鱿炒脆笋　　松子玉米粒

　　　泡椒爆鳝丝　　油淋鲜乳鸽

大菜：鸡粥烩鱼肚　　椒盐大明虾

　　　三游神仙鸡　　一品酱猪肘

　　　椰汁西米露　　鸡汁菌四宝

　　　清江大白鲷　　冬瓜鳖裙羹

点心：桂花荸荠饼　　三鲜蒸水饺

水果：丰收水果拼

（三）其他公务宴赏鉴

除国宴、专宴之外，还有其他多种形式的公务宴会。如外事活动类宴会、节日庆典类宴会、总结表彰类宴会、公益慈善活动类宴会等。

关于公务宴的设计，华中某省委接待办的一位领导曾撰文说：要做好公务宴会设计，首先是要"准"。所谓准，就是要准确把握每次宴饮活动的办宴目的和接待标准，做到有的放矢。设计公务宴会，要分析与会人员的群体特征，实施不同的设计策略。只有宴会设计的格调相宜，才会达到应有的效果。其次是要"博"。所谓"博"，就是要多多积累与宴会设计相关的素材，提升设计者的审美能力和创新能力。只有清楚理解和完全把握各种设计元素，在实施创意设计时，才会胸有成竹、得心应手。最后是要"精"。所谓"精"，就是要注意每一设计细节，精雕细琢，打造出宴会设计精品。特别是主题宴会的设计，如能做到"因情造景，借景生情"，其宴饮接待一定能产生理想的效果。这是一线管理人员设计公务宴会的经验之谈和切身体会，非常中肯。

例1，武汉老会宾楼外事接待宴。

武汉老会宾楼创立于1898年，是一家专营湖北风味菜品的著名老字号酒店。该店名厨辈出,名菜荟萃,名扬荆楚,素有"正宗鄂菜、名厨摇篮"之誉,省市有关部门重大的外事专宴多在这里举行。下面是该店著名鄂菜大师汪建国1996年夏季设计并主持制作的外事接待宴,可供鉴赏。

武汉老会宾楼外事接待宴

彩盆:白云黄鹤迎宾

围碟:六味精致冷碟

热炒:蒜苗笔杆鳝丝　　　蒜爆仔鸭四宝

　　　鲜笋滑炒虾仁　　　辣子油爆石鸡

大菜:蟹黄通天鱼翅　　　晶莹掌上明珠

　　　花篮黄焖甲鱼　　　江陵千张扣肉

　　　冰糖炒青豆泥　　　五香葱油扒鸡

　　　鸡汁植蔬四宝　　　一品葵花豆腐

　　　金奖明珠鳜鱼　　　铜锅生汆鲴鱼

点心:鄂式东坡小饼　　　奶油四色蛋糕

水果:荆楚名果满篮

需要说明的是,汪建国大师曾在第二届全国烹饪技术比赛中荣获金奖,晚年调至武汉商业服务学院。其拿手菜品为蟹黄鱼翅、一品官燕、拖网鳜鱼、香酥鸭子、红焖爪方、虾子大乌参、明珠鳜鱼和鸡蓉笔架鱼肚。本宴是汪大师的经典作品之一,选料精致,做工精细,荆楚饮食特色鲜明,深受中外宾客及业界同人赞许。

例2,中南花园饭店公务接待宴。

热炒:韭黄炒鸡丝　　　玉带财鱼卷

　　　油爆脆肚仁　　　鲜莲炒红菱

大菜:砂钵焖甲裙　　　香酥炸斑鸠

　　　铁扒石鸡腿　　　鸡汁扒菜胆

　　　油焖樊口鳊　　　珍珠奶汤鲴

点心：咸宁桂花糕　　　　　　小笼灌汤包

水果：中南佳果拼

需要说明的是，中南花园饭店是一家集住宿、餐饮、会议于一体的多功能花园式酒店。作为"湖北风味名店"，曾多次获得全国烹饪技能大赛金奖。本公务接待宴由该店中国烹饪大师何渊所设计，筵宴结构简练，荆楚食风鲜明，尤以湖北特色食材樊口鳊鱼、鄂南石鸡、石首鮰鱼、襄阳斑鸠、洪湖财鱼、房县血耳、咸宁桂花、孝感红菱、荆州甲鱼、黄孝土鸡等的应用最具地方风情。

第二节　荆楚风味商务宴设计

一、商务宴的设计要求

商务宴，主要是指各类企业为了一定的商务目的而举办的筵席，如开张志庆类筵席、招商引资类筵席、行帮协会类筵席、酬谢客户类筵席等。随着我国市场经济的发展，商务筵席已成为餐饮企业的主营业务之一。

设计商务筵席，涉及主题策划、环境布置、接待仪程、服务礼仪、菜单设计、菜品制作等多个方面，必须体现一定的主题思想、民族特色、文化要素和艺术效果。具体说来，应从如下几个方面多作考虑：

(1)策划商务宴会时，应根据时代风尚、消费导向、地方风格、客源需求、时令季节、人文风貌、菜品特色等因素，选定某一主题作为宴会活动的中心内容，然后依照主题特色去设计菜单。

(2)设计商务宴菜单，要尽量了解宴饮双方的生活情趣和饮食嗜好，在环境布置、菜品选择、菜肴命名、宴饮接待上投其所好，避其所忌，使商务洽谈在良好的气氛与环境中进行。

(3)商务宴请的目的和性质决定了筵席的礼节仪程、上菜节奏与其他普通筵席有所不同。宾主之间往往是在较为和谐的气氛中边吃边洽谈,客观上要求菜单设计者掌握好菜品数量、安排好筵宴格局,控制好上菜节奏。

(4)商务宴会的接待规格相对较高,筵席格局较为讲究,菜品调排注重程式,菜肴命名含蓄雅致。因此,设计商务宴菜单,应在注重菜品内容设计的同时,突出菜单的外形设计,特别是菜品命名的文化性,可促使整个宴会气氛和谐而又热烈。

(5)设计主题商务宴时,要求宴会主题鲜明,宴饮风格独特,借以提升市场人气。其菜单设计、菜品命名都应围绕筵席主题这个中心展开,切不可凭空捏造,设计一些名不副实的应景之作,给人牵强附会之感。

二、荆楚风味商务宴赏鉴

湖北位于华夏的腹心,"南援三州,北集京都,上控陇坂,下接江湖",自古便是内地最大的水陆交通枢纽和物资集散中心。武汉作为华中地区唯一的特大综合性枢纽城市,是长江中游最大的制造业基地、金融商贸中心、交通物流和通讯中心、科教文化中心及区域性的旅游目的地,商务活动异常发达。自改革开放以来,湖北经济实现了跨越式发展,襄阳、宜昌、荆州、黄石、十堰、随州、荆门、孝感、咸宁、黄冈、鄂州等大中城市异军突起,为商务宴请提供了广阔的市场。

例1,赤壁茶商商务宴赏鉴。

湖北盛产青砖茶和绿茶。采茶在赤壁有着悠久的历史。三国东吴时期该地的茶叶进入宫廷,唐代帽合茶开始出口西域和南亚,宋代赤壁茶砖参与国家"茶马交易",明清至民国初赤壁茶砖、绿茶、红茶占据国际市场,现今赤壁羊楼洞的青砖茶、帽合茶、砣茶更是全国闻名。每到收茶季节,四方客商云集,买卖双方经常互相宴请,其席面相当考究,菜式极具鄂东南饮食风情。

下面是赤壁盛世华庭商务酒店2011年春季设计的一份赤壁茶商宴菜单,可供赏鉴。

彩碟:春色满华庭

荆楚风味筵席设计

围碟：糖醋竹节虾　　　烟熏关刀鱼
　　　腊味炝鲜笋　　　五香野兔丝
头菜：三丝鱼翅羹
热菜：香滑财鱼片　　　蒜爆石鸡腿
　　　青豆炒虾仁　　　蒲圻炸藕丸
　　　新店蒸鱼糕　　　冬笋煲老鸭
　　　鸡茸豆腐盒　　　冰糖炖莲米
　　　春鱼蒸鸡蛋　　　田园时令蔬
座汤：八仙齐过海
点心：赤壁野菜卷　　　东坡千层饼
茶果：应时水果拼　　　羊楼洞砖茶

需要说明的是，赤壁是三国时的古战场，该地物产资源丰富，尤以赤壁四宝（青砖茶、猕猴桃、竹笋衣、春鱼干）最负盛名。本宴的最大特色是突出了当地的风味名菜与名点，如新店蒸鱼糕、蒲圻炸藕丸、春鱼蒸鸡蛋、烟熏关刀鱼、赤壁野菜卷、东坡千层饼，既时尚新潮，又接地气。

例2，襄阳满福楼商务宴赏鉴。

襄阳市（原名襄樊市）地处湖北省北部，居长江最大支流——汉江的中游，是全国重要的铁路交通枢纽和汽车工业基地，湖北省第二大城市（副省级）。近年来，该市的国民经济快速发展，商务活动异常活跃，商务宴请日益频繁，商务筵席成为当地餐饮企业的主营业务之一。

襄阳满福楼酒店是当地著名的餐饮企业之一，自1995年创立以来，一直致力于荆楚美食的传承与创新，热衷于发展生态环保餐饮，生意火爆，口碑良好，曾荣获"湖北风味名店""鄂菜十大名店"等称号。下面是该店厨务总监、中国烹饪大师江立洪设计的一份商务宴菜单，可供鉴赏。

襄阳满福楼酒店商务宴菜单

一彩碟：运筹帷幄（楼宇象形盘）

四围碟:囊藏锦绣(泡菜金钱肚)

　　　深思熟虑(满福楼缠蹄)

　　　集思广益(珍菌拌三丝)

　　　偶结同心(蜜汁糯米藕)

六热菜:满楼祈福(鲍参翅肚羹)

　　　鸿运当头(宜城焖大虾)

　　　百年好运(百合莲枣羹)

　　　节节高升(樊城盘龙鳝)

　　　金钱满地(花菇扒菜胆)

　　　独占鳌头(清蒸槎头鳊)

一座汤:大吉大利(土鸡炖山瑞)

二点心:春风得意(马蹄金刚酥)

　　　抬金进银(襄阳玉带糕)

一水果:硕果满园(时果大拼盘)

一香茗:吉星高照(襄阳高香茶)

需要说明的是,本商务宴中襄郧饮食特色鲜明,筵宴文化背景深厚。筵席所涉及的缠蹄、泡菜、牛肚、糯米藕、百合、珍菌(猴头菇、花菇等)、槎头鳊、三黄鸡、高香茶均系当地名产;襄樊缠蹄、蜜汁糯米藕、宜城焖大虾、樊城盘龙鳝、清蒸槎头鳊、马蹄金刚酥、襄阳玉带糕均为当地名菜。

例3,武汉汉正街商业开业宴赏鉴。

拥有500多年历史的武汉汉正街坐落在白云黄鹤的故乡、长江和汉水的交汇之处,自古就有"天下第一街"之美誉。现今的汉正街已建成服装、鞋类、皮具箱包、家用电器等10大专业市场,营业面积60多万平方米,从业人员10万余人,日均吞吐货物400余吨,市场日均人流量旺季可达20万人次,在全国十大商品市场中名列前茅。

汉正街开业宴是当地商务宴的代表作之一。筵席设计人员在环境布置、菜品选择、宴饮接待上力图突现商务宴请这一宴饮主题,展示荆楚饮食风味特色。特别是整桌席面的菜品名称,全部使用寓意法命名,含蓄雅致,和谐得体。本席单的寓意是:彩灯高悬,门庭若市,希望宾客抬金进银,一帆风顺;笑脸迎客,以诚取信,还望高邻扶持,锦上添花;今后要披星戴月,勤扒苦做,努力劳动致富,足食丰衣;区区小宴,不成敬意,诸位拨冗光临,盛情铭记在心。

武汉汉正街商店开业宴菜单

看盘:彩灯高悬(大型瓜雕造型)

凉菜:囊藏锦绣(什锦肚丝)

　　　抬金进银(火腿拌鸡丝)

　　　童叟无欺(猴头菇拼香椿)

　　　一帆风顺(番茄酿卤猪耳)

热菜:开市大吉(鱼翅沙滩蒸鲫鱼)

　　　万宝献主(八宝葫芦鸭)

　　　地利人和(虾仁炒南荠)

　　　顺应天意(杏鲍菇烩薏仁米)

　　　高邻扶持(孝感红菱烧鸭心)

　　　勤能生财(荆沙财鱼辅香芹)

　　　贵在至诚(鳜鱼丁橙杯)

　　　足食丰衣(木耳红椒爆石鸡)

座汤:众星捧月(五圆炖全鸡)

饭点:货通八路(荆州八宝饭)

　　　千云祥集(东坡千层饼)

例4,荆州聚珍园酒楼商务酬谢宴赏鉴。

素有"荆楚第一园"之称的荆州名店"聚珍园",是一家有着百余年历史的中华老字号。该店原名"聚珍馆",创建于1902年,经过多代经营者的不懈努力,终成荆州城首屈一指的餐饮名店。该店的传统风味名菜荆州鱼糕、散烩八宝饭、千张扣肉、皮条鳝鱼、黄焖圆子、酥黄雀、熘麦啄、珍珠米丸、椒盐饼、九黄饼、龙凤喜饼、三楚月饼等,提升了荆州百姓的生活品质,吸引着南来北往的各地客人。

2004年夏季,该店第三届全国烹饪大奖赛的金奖得主、特级烹调师傅兆斌大师设计并主持制作出一款荆南风味商务宴,菜单如下:

荆州聚珍园酒楼商务宴菜单

一彩碟:情重如山(山水象形冷拼)

四围碟:岁寒三友(凉拌素三丝)

　　　　搭伙求财(火腿财鱼条)

　　　　冰心玉洁(水晶冻肴蹄)

　　　　百年好合(湘莲拌百合)

六热菜:吉庆有余(鸡粥笔架鱼肚)

　　　　荆沙寻珍(荆州鱼糕、珍珠米丸、粉蒸鳝鱼)

　　　　心花怒放(三色橘瓣鱼氽)

　　　　豪气干云(江陵千张扣肉)

　　　　囊括宇内(三鲜口袋豆腐)

　　　　携手并进(老母鸡炖甲鱼)

二面点:感恩面饼(园中园椒盐饼)

　　　　八宝聚珍(聚珍园八宝饭)

一水果:佳果大会(南国水果拼盘)

例5,黄州赤壁怀古人文商务宴赏鉴。

湖北境内的长江两岸有两个赤壁,长江南岸的叫"蒲圻赤壁"(蒲圻县现更名为赤壁市),长江北岸的称"黄州赤壁"(位于湖北省黄冈市黄州区)。蒲圻赤壁千古闻名,因为三国时的赤壁大战就发生在这里,故称"武赤壁";黄州赤壁更享盛名,因为唐代著名诗人杜牧的《赤壁》、宋代著名文学家苏轼的《前赤壁赋》《后赤壁赋》和《念奴娇·赤壁怀古》等千古绝唱全都诞生于此,故又称"文赤壁"。

黄州赤壁历来都是高级客商和文化名人游览观光、畅谈人生、抒发情怀、洽谈商务的理想场所,不少著名的商务宴请均出现在这里。下面是黄州东湖尚景生态酒店提供的一份黄州赤壁怀古人文商务宴菜单,可供赏鉴。

黄州赤壁怀古人文商务宴菜单

赤壁群英会(什锦卤味拼)

跃马过檀溪(鸡汁海马盅)

三雄逐中原(粉蒸鱼肉蔬)

凤雏锁连环(油淋脆皮鸽)

赋诗铜雀台(砂锅东坡肉)

煮酒论英雄(汤圆米酒羹)

豪饮白河水(清蒸胖鱼头)

迎亲甘露寺(鸡油菌四宝)

卧龙戏群儒(五圆炖金龟)

千里走单骑(香炸地菜卷)

貂蝉拜明月(水晶三鲜饺)

桃花春满园(时令鲜果拼)

需要说明的是,本商务宴是一款以赤壁怀古为主题的鄂东饮食风情宴,筵席结构简练,文化背景深厚。菜单设计者能从文化的角度加深主题宴会的内涵,设计出的宴会菜单紧扣赤壁怀古人文商务这一主题。菜式品种的特色能反映文化主题的内涵;菜单及菜名能围绕赤壁怀古这个中心;菜品的选用考虑到宾主双方的饮食习俗,能迎合与宴人员的情趣。

第三节　荆楚风味亲情宴设计

荆楚风味宴会席是荆楚风味筵席的重要表现形式,主要由公务宴、商务宴和亲情宴组成。亲情宴,是指个体之间以情感交流为主题的桌餐服务式筵席。

这类筵席的主办者和宴请对象均以私人身份出现,它以促进私人情感交流为目的,与公务和商务活动无关。由于人与人之间的情感交流涉及各个方面,人们常常借用筵席来表达思想感情和精神寄托,因此,亲情筵席的主题十分丰富,常见的有婚庆宴、寿庆宴、丧葬宴、迎送宴、节日宴、纪念宴、乔迁宴、欢庆宴等。这里将对其中的人生仪礼宴、岁时节日宴和迎送欢庆宴作专门介绍。

一、人生仪礼宴设计

(一)人生仪礼宴的设计要求

人生仪礼宴,又称红白喜宴,是指城乡居民为其家庭成员举办诞生礼、成年礼、婚嫁礼、寿庆礼或丧葬礼时置办的民间亲情筵席。一般都有告知亲朋、接受赠礼、举行仪式、酬谢宾客等程序。以前习惯在家中操办,现今多在酒店举行,其接待标准、礼节仪程和菜单设计要求各不相同。

1. 诞生宴

多在婴儿出世、满月或周岁时举行,赴宴者为至亲好友。它的主角是"小寿星",要求突出"长命百岁、富贵康宁"的主题。贺礼常是衣服、首饰、食品和玩具;筵席菜品重十,须配大蛋糕、长寿面、豆沙包和状元酒,忌讳"腰(其音谐夭)子",菜名要求吉祥和乐,充满喜庆。

2. 成年宴

多在小孩上学、10岁时举行,赴宴者除至亲好友外,还有孩子的伙伴。它的主角也是"小寿星",要求突出"光宗耀祖、后继有人"的主题。贺礼常是玩具、文具、衣物或现金;筵席菜品也须重十,须配什锦菜点、裱花蛋糕之类。这类礼宴忌讳"腰子",勿用"腰盘",多给小主人一些自由,让其尽情玩乐。

3. 婚庆宴

多在相亲、订婚、结婚时举行,赴宴者是亲友、街邻、同事、同学和介绍人。它的主角是新郎、新娘,要求突出"白头偕老、和乐美满"的主题。筵席排菜习用双数,最好是扣八、扣十,菜名要风光火爆,寄寓祝愿;餐具宜为红色、金色,用红桌布，配红色果酒。此类礼宴忌讳摔破餐具和饮具，不可上"梨""橘"（谐音离或寓意分）等果品，不可用"霸王别姬""三姑守节"等不祥菜名。

4. 寿庆宴

常在60、70、80、90大寿时举行，赴宴者多系亲友、街邻及儿孙，它的主角是"老寿星"，要求突出"老当益壮、福寿绵绵"的主题。贺礼常为衣物、食品、补品或花卉；筵席上菜重九，寓"九九长寿"之意，菜点应当温软、易消化、多营养，须配长寿面、寿桃包、大蛋糕和银杏仁；不可上带"盅"（谐音终）字的菜和过多的"鱼"（谐音多余），避开民间忌讳。

5. 丧葬宴

包括长寿辞世、死时安详的"吉丧"和短命夭亡、死得惨烈的"凶丧"。前者多称"白喜事"，摆冥席，供清酒，宴宾客，收奠礼，比较热闹；后者一般不加张扬，匆匆安埋了结。它的主角是"走进天国"的死者，要求突出"驾鹤西去、泽被子孙"的主题。筵席上菜重七，有"七星耀空"之说，少荤腥，忌白酒，用素色餐具，无猜拳行令等余兴。至于酬谢办丧人员，则须用大鱼大肉、好酒好菜来"冲晦"。丧葬宴如在酒店操办，服务员应着素色服装，保持肃静，以示哀悼。

（二）荆楚风味人生仪礼宴赏鉴

1. 诞生礼筵席

诞生礼筵席主要包括三朝酒、满月酒、百日酒和周岁酒等。"三朝酒"又称"三朝礼宴"，是指新生儿出生的第三天为其举办的盛大仪典和庆贺酒宴，前来祝贺的亲友都要备上礼品，有的还需将喜钱掷入盆中，以示"添盆"；有的通过"洗三"仪式为婴儿洗去身上的污垢，换利市衣为新衣。祝福仪程完成之后，便是举办酒宴。有些地区不设"三朝宴"，专设"满月宴""百日宴"或"周岁宴"，宴客的时间各不相同，但表达的心愿一致。

例1，土家族人的"打三朝"宴。

土家族人特别注重婴儿诞生礼。婴儿降生后，父亲要怀抱"报喜鸡"去外婆家报喜，外婆家则要置办"三朝礼"，三天之后，与亲友们挑着礼品前来贺喜，即为"打三朝"。宴饮聚餐时,婴儿的外公或舅父要给婴儿取名,俗称"命名礼"。满月那天,外婆家要给婴儿母子送来相应的衣物和食品,如醪糟、猪腿、熏肉、鸡、蛋、糖等,并与亲友们一起分享"满月酒"。随着时代的演进,现今多数土家族人把"三朝酒"与"满月酒"合二为一,统称为"打三朝",有条件的家庭喜欢在餐馆酒店里操办"打三朝"宴。

下面是鄂西长阳土家族人秋季使用的"打三朝"筵席菜单及伴宴山歌,可供赏鉴。

(1) 长阳土家族秋令"打三朝"筵席菜单

冷菜:蒸长阳香肠

　　　卤艮山野兔

　　　拌鄂西珍菌

　　　熏清江白鱼

热菜:吉星全家福

　　　香酥炸斑鸠

　　　板栗焖牛腩

　　　长命粉蒸肉

　　　团馓煮鸡蛋

　　　砂煲吉庆鱼

汤菜:山菌炖野鸡

主食:香甜玉米饼

(2) 长阳土家族人伴宴山歌

土家的山,绿茵茵,土家的水,甜津津;

土家的哑酒香喷喷,土家的客人笑盈盈;

山青青地灵灵,清江鲤鱼跳龙门;

家鸡肉野鸡汤,土家风味醉仙人。

说明:淳朴、热诚的长阳土家族人嗜唱山歌,素以"八百里清江八百里歌"而闻名。笔者曾有幸到鄂西长阳做客,听着悦耳的民族歌谣,尝着可口的特色美食,置身优美的自然景观,感受独特的饮食风俗,真的是如醉如痴,久久难以忘怀!

例2,宜昌地区夏令百日宴。

冷菜:锦绣卤水拼

热菜:珍珠缀甲鱼

　　　八宝香酥鸡

　　　百合明虾球

　　　三峡千张肉

　　　龙凤玉米羹

　　　鲜菇扒时蔬

　　　麒麟送贵子

　　　一品冬瓜盅

主食:金奖大麻圆

　　　合家欢水饺

水果:什锦应时果

说明:百日宴,又称百禄宴,常以婴儿诞生举家欢庆为主题。湖北宜昌地区的居民举办百日宴,注重喜庆、祥和、热闹、温馨的气氛,讲究宴饮场景的布置及餐具用具的摆放,多选用红色、金色圆盘、圆碗,红色桌布及筷子等,忌讳摔破餐具、茶具和酒具。菜品的选用尊重宾客的饮食习惯,冷热干稀调配合理。菜品的命名习惯使用吉祥雅语,既表达美好的祝愿,又愉悦宾客,烘托气氛。菜品的排列通常按照冷菜—热菜—点心—水果的顺序依次展开;主菜多由八道热菜所组成,兼取"四平八稳""逢八大发"之寓意。

2. 成年礼筵席

人生的十岁,最是天真可爱的年纪,交织着梦想与宠爱,充满了无限的童真!望子成龙的父母们看到心爱的孩儿现已成长为一名乐观向上、灵巧机智、孝敬长辈、品学兼优的学生,所给予的希望,所付出的辛劳,所享受的幸福,所承担的责任,全都沉淀在喜悦之中。定好生日宴会,请来亲朋好友,摆上生日蛋糕,点燃十支蜡烛,许下美好心愿。祝生日快乐!盼岁岁平安!

下面是流行于湖北地区的一份十岁宴菜单(秋季使用),可供鉴赏。

一看盘:鹰击长空(象生大冷拼)

四凉菜:孟母教子(鹌蛋扒鹌鹑)

文韬武略(竹笋拼莴苣)

笔扫千军(虾籽炝香芹)

鹏程万里(卤鸡翅拼鸭掌)

六热菜:望子成龙(虾籽烧刺参)

前程无量(乳鸽配黄蘑)

人中蛟龙(宜城盘鳝)

诗礼银杏(冰糖莲子炖银杏)

精卫填海(鸡茸、火腿、缠蹄等制作)

长命百岁(虫草炖老鸭)

二面点:玉带甜糕(谷城传统名点)

小笼汤包(皮薄馅足)

一水果:状元苹果(状元红苹果)

说明:本席单是一份男孩十岁宴菜单,系襄郧风味。它表达了年轻父母寄望儿子识文懂礼、文武双全,长大后有精卫填海的气概;能够展翅飞翔、搏击长空,成为人中蛟龙;能孝敬父母、报效祖国,为家族争光。

3. 婚庆礼筵席

婚庆礼筵席是婚庆大礼的重要组成部分,主要为前来祝贺的亲朋好友而设置。设计此类筵席菜单,可通过吉祥菜名烘托夫妻恩爱、新婚快乐、吉庆甜蜜、幸福美满的主题;可借用重八排双等筵宴格局,寄寓良好祝愿,从心理上愉悦宾客;可沿用当地的饮食习俗,趋吉避凶,将美好的祝愿与美妙的饮食交织在一起,使宾客在品位与审美上获得最大满足。

例1,十堰市"山盟海誓"婚庆宴菜单。

一彩拼:花好月圆(象形工艺彩盘)

四围碟:珠联璧合(腊味合蒸)

　　　　前世姻缘(四色珍菌)

　　　　永结同心(襄阳捆蹄)

　　　　白头偕老(花菇仔鸡)

八热菜:山盟海誓(山海烩八珍)

　　　　比翼双飞(油淋乳鸽)

　　　　鸾凤和鸣(琵琶鸭掌)

　　　　早生贵子(甜枣莲羹)

　　　　四喜临门(四喜丸子)

　　　　枝结连理(植蔬四宝)

　　　　麒麟送子(麒麟鳜鱼)

　　　　福满华庭(珍珠炖甲鱼)

二点心:相敬如宾(金银小包)

　　　　浓情蜜意(玉带甜糕)

一果品:百年好合(时果拼盘)

说明:本婚庆宴菜单由十堰市著名的餐饮连锁企业高登酒店提供。它属于襄郧地方风味,中高档次。整桌筵席分为三大部分,第一部分为一彩碟带四围碟,开席带彩,引人入胜。第二部分为筵宴主体,八道热菜组配合理,排列有序。头菜"山盟海誓"选料精准,格调高雅。座汤"福满华庭"寓意深刻,制作精美。筵席第三部分是点心和水果,短小精悍,全系地方特色产品。

例2,仙桃(沔阳)市"金玉盈门"婚庆宴菜单。

凉菜:翡翠满庭园(炝仙沔鲜蔬)

　　　称心玉如意(银芽拌蜇丝)

鸳鸯绘彩蛋(风味鹌鹑蛋)

浓情似蜜意(糖醋渍油虾)

热菜:金玉喜盈门(八宝鱼肚羹)

三星齐报喜(沔阳三合蒸)

东方展彩凤(毛嘴扒土鸡)

黄金铺满地(荆沙蒸鱼糕)

永结连理枝(橙香烤羊排)

角逐群龙舞(翡翠明虾球)

红娘织情网(拔丝香苹果)

生辉花满园(花菇扒时蔬)

汤菜:吉庆有盈余(鸡汁鳡鱼丸)

点心:甜蜜水晶糕(荆楚玉碗糕)

美点同庆贺(双色金银包)

水果:瑞果迎新人(时令鲜水果)

说明:此单由仙桃市知名餐饮企业杜柳农家小院提供。该店是仙桃市新农村建设的示范点,曾接待过党和国家领导人。金玉盈门婚庆宴,以荆南风味菜品为主体,糖醋油虾、沔阳三蒸、毛嘴土鸡、荆沙鱼糕、鸡汁鱼丸、玉碗甜糕,均为当地风味名菜。蒸、煨、烧、焖、炸、炒、扒,全是当地厨师的拿手技法。菜品的命名运用寓意与写实相结合的方法,生动得体,气韵盎然。

4.寿庆礼筵席

寿庆礼筵席是指为纪念和庆贺诞生日所设置的酒宴。一般都在逢十大寿时提前一年操办,讲究"做九不做十",避讳"十全为满,满则招损"。汉族贺寿食俗大多带有健康长寿寓意,期盼通过祝寿而增寿;少数民族的贺寿食俗则注重养老敬老,带有原始宗教遗痕。

寿庆礼筵席菜品的调配应尽可能使用"三低(低糖、低盐、低脂肪)、两高(高蛋白质、高粗纤维)"食品,汤羹菜应多,下酒菜宜少,力求软烂可口,易于消化吸收。须配寿桃、寿面、蛋糕、白果等象征吉祥的食品,烘托气氛。筵席席面最好是采用"九冷九热"的格局,体现"九九上寿""天长地久"之意;菜名也要选用"松鹤延年""五子献寿"等吉言。

下面是湖北地区的两例寿庆礼筵席菜单,可供鉴赏。

例1,湖北钟祥"龟鹤延年"宴菜单。

冷菜:挂霜桃仁　　　蜜汁莲藕
　　　红油顺风　　　透味牛肉
热菜:龟鹤延年　　　荆楚蟠龙
　　　三元蹄髈　　　菊花鱼糕
　　　油焖大虾　　　双桃鸡肾
　　　香菇菜心　　　珊瑚鳜鱼
汤菜:银耳莲羹　　　松茸鸡汤
点心:葛粉鱼面　　　钟祥条酥

说明:钟祥县(市),位于湖北的中部,汉江的中游。千百年来,素以"长寿之县""帝王之乡"而著称。本寿庆宴系荆门钟祥宾馆的代表作品之一,它以祝寿增寿为主题,合理选取当地特色食材,巧妙组配当地风味名菜。菜品命名典雅吉祥,规范得体;菜品数量喜"八"排"双",赋予美好寓意。

例2,武汉地区"久久上寿"宴菜单。

冷菜:九子庆寿(九色凉菜拼)

热菜:返老还童(五圆焖金龟)
　　　儿孙满堂(干锅鱿鱼仔)
　　　玉侣仙班(三文鱼刺身)
　　　彭祖献寿(茯苓野鸡羹)
　　　天伦之乐(黄陂烧三合)
　　　洪福齐天(蟹黄豆腐盒)
　　　罗汉大会(素烩全家福)

五世祺昌(清蒸武昌鱼)

座汤:甘泉玉液(人参炖乳鸽)

寿点:佛手摩顶(佛手香烤酥)

　　　福寿绵长(云梦龙须面)

寿果:母子大会(宜昌母子橙)

寿茶:仙女敬茗(湖北仙人掌茶)

说明:本筵席属武汉地区高档寿庆席,9色冷菜,9款热菜,兼有"久久长寿"之寓意。该席取料名贵,烹制精细。通过吉言隽语的命名,突显敬老爱幼、共享天伦之乐的宴会主题。

5. 丧葬礼筵席

丧葬礼筵席指丧礼、葬礼和服孝期间祭奠死者及酬谢宾客、匠夫的各类筵宴。主要包括祭奠亡灵的筵席(主要是供奉斋饭,有荤有素、有酒有点)、酬劳匠夫的筵席(大多重酒重肉)、答谢亲友的筵席(即"劝丧席",荤素兼备)及家属致哀的筵席(如"孝子饭",大多茹素,减食,不吃犯忌的菜点)。

下面是一份土家族酬劳匠夫及答谢亲友的丧葬礼席单,可供鉴赏。

冷菜:泡椒拌豆干

　　　葱姜松花蛋

　　　烟熏小白鲷

　　　酸辣牛肚丝

热菜:腊肠炒广椒

　　　野猪焖竹笋

　　　豆干粉蒸肉

　　　团馓煮鸡蛋

　　　干烧清江鲤

　　　清炒时令蔬

　　　酸菜鱼片汤

饭菜：宣恩榨广椒

泡姜萝卜干

主食：走马葛米饭

土家葬礼有断风祭天、上榻入殓、吊唁守灵、开棺出殡、下逝砌坟、润七回煞等六大礼俗，尤以吊唁守灵最为隆重。明代《巴东县志》载："旧俗，殁之日，其家置酒食，邀亲友，鸣金伐鼓，歌舞达旦，或一夕，或三、五夕。"土家人常说："人死饭甑开，不请自然来。"老人仙逝的当天，亲朋好友、左邻右舍纷纷带着鞭炮前来吊唁，献上花圈，三拜九叩，并参加最具民族特色的礼俗——"跳丧鼓舞"（"跳撒尔嗬"）。其舞姿古朴，粗犷热烈，舞步飘逸痴迷，略呈醉态，从入夜一直跳到次日清晨，充分地表达了生者对死者的依恋和难舍之情。

二、岁时节日宴设计

（一）岁时节日宴设计要求

岁时节日宴，即年节筵席。湖北每逢农祀年节、纪庆节日、交游节庆等都有风格特异的年节筵席。限于篇幅，这里仅介绍其中最有影响的几类传统节日筵席。

1. 新春宴

春节是我国历史最悠久、参与人群最广泛、活动内容最丰富、节庆食品最精致的一个节日。它以正月初一为中心，前后延续20多天。

湖北过年，通常有掸扬尘、备年货、贴春联、放鞭炮、闹社火、走亲戚、上祖坟等活动，宴饮聚餐是整个节庆活动的高潮。事前，人们忙于采购年货，举凡鸡鸭鱼肉、茶酒油酱、南北炒货、糖饵果品，都要采买充足。筵席菜品通常有"年年高"（年糕）、"万万顺"（饺子）、"年年有余"（全鱼）、"红红火火"（肉圆）、金丝穿元宝（面条煮饺子）等，十分丰盛。

2. 元宵宴

元宵节又名上元节或灯节，时在正月十五之夜。节俗主要是观灯赏月、合家欢宴,前后延展 3~10 天。元宵宴的节庆食品较多,最为主要的菜品是元宵(又称汤圆)。

3. 清明宴

清明是二十四节气之一,时在公历 4 月 5 日前后,有"禁火"、"冷食"并祭扫祖宗和先烈陵墓之俗。其中,野宴聚餐是清明节节庆活动的一项重头戏。

古代清明宴类似于现今的冷餐酒会,除食用凉菜之外,还品尝奶酪、甜米酒、桃花粥、子推饼、馓子、"欢喜团"、清明粽、凉粥等,食毕还有互赠"画卵"等活动。现今清明郊游,人们喜食烧鸡、烤鸭、盐茶蛋、卤菜、蛋糕、面包、啤酒和果汁等,多少带有一些古代节庆的遗风。

4. 端午宴

端午节又称龙子节、诗人节、龙船节,时在农历五月初五。有关端午节的传说,有 20 余种,主要是纪念爱国诗人屈原。

在历代的端午节庆活动中,端午宴素来为人们所看重。此类筵席的显著特色是强调以食辟恶,注重疗疾健身功能。如酒中加配雄黄、菖蒲或朱砂,饮用龟肉大补汤,粽子中裹夹绿豆沙,食用有"长命菜"之称的马齿苋等。这些筵席习俗,在《后汉书·礼仪志》《荆楚岁时记》等书中均见记载。

5. 中秋宴

中秋节又叫团圆节,时在农历八月十五夜,因其正值三秋之半,故名中秋。关于中秋的传闻有嫦娥奔月、吴刚伐桂、唐明皇游月宫、刘伯温用月饼作为起事信号推翻元朝等。

中秋正式成节是在北宋,有烧斗香、点塔灯、舞火龙以及拜月、赏月、斋月等活动,十分热闹。节令食品有月饼、新藕、板栗、螃蟹、柚子、花生种种。尤其是中秋宴,它是一年之中仅次于团年宴的一个重要节日筵席。在这花好月圆、宾朋团聚的美好时刻,亲朋好友欢聚一堂,尽情分享秋令节庆的快乐,其意深深,其乐融融。

6. 小年宴

灶王节又叫谢灶节,时在农历腊月二十三或二十四。祭灶,源于先民对火的崇拜。

小年宴的习俗主要是敬神祀祖、放鞭宴庆、祭灶、忙年。它最早见于汉代,《四民月令》有"腊明日更新,谓之小岁,进酒尊长,修贺君师"之记载,其礼俗基本同于大年。

现今的小年宴,具体的节俗因地而异。例如鄂东黄冈地区,其节俗是腊月二十四当天,要清扫厨房及庭院,准备祭宴食品及祭器;傍晚,祭祖仪程正式开始:灯火齐明、陈列祭器、排列祭品(祭宴食品)、祈请列祖列宗、焚香烧纸炸鞭、祭奠先祖列宗。祭祀完毕,便是"小年宴"聚餐。

7. 除夕宴

除夕又叫大年夜或年三十,时在农历腊月的最后一天,古人有"一夜连双岁,五更分二年"的说法。除夕守岁,源远流长,从周至今,一脉相承。其节俗有贴春联、挂神像、请祖灵、烧松盆、给压岁钱等。重台戏是喝分岁酒,吃团年饭。

除夕宴,又称年夜饭、团年饭、合欢宴、守岁席,流行于大江南北,是中华民族亿万家庭每年必备之筵宴。据梁宗懔《荆楚岁时记》所载,每到农历除夕,江汉平原农村家家都具备酒肴,亲人团聚,迎贺新年;并且还要把吃剩的酒食,留在新年正月初二这一天倒掉,名之为"迎新去故"。

除夕宴的食品丰盛精美,常见的有"更年饺子万万顺""百事顺遂年年高",再加全鱼、肉圆、嫩鸡、肥鸭、烧卤、汤羹、金银米饭、枣栗诸果,洋洋洒洒10多盘碗,象征着"和和美美""团团圆圆""年年有余""岁岁平安"。

编制年节筵席菜单,一要考虑宾主的愿望,尽量满足其节庆要求。二要考虑当地的年节饮食风俗,菜品的设置必须符合节庆要求。三要考虑季节物产,突出节令特色。所用原料应视节令不同而有所差异。四要注意菜肴滋汁、色泽和质地的变化。五要重点突出节庆食品,彰显节日气氛。六要考虑整套菜点的营养是否合理。在保证筵席风味特色的前提下,清鲜为主,突出原料本味,以维护人体健康。

(二)荆楚风味岁时节日宴赏鉴

例1,黄石市楚乡厨艺酒店新春宴。

凉菜：

　　红枣糯米藕　　　　楚乡腊鳜鱼

　　爽脆泡萝卜　　　　香菜拌牛肉

热菜：

　　楚乡蒸鱼糕　　　　香菇扒全鸡

　　黄州东坡肉　　　　牛腩香芋煲

　　鸡汁豆腐泡　　　　蒜泥炒藜蒿

　　松鼠鳜花鱼　　　　家乡绿豆丸

汤菜：

　　雪耳蜜柑羹　　　　腊蹄三鲜锅

主食：

　　腊肉炒豆丝

水果：

　　合家水果拼

说明：本宴单由黄石市楚乡厨艺餐饮有限公司提供，短小精悍，特色鲜明，非常迎合当地的民风。全席菜品16道，既无山珍海味，又无奇珍异馔，萝卜、豆腐、豆丝、莲藕、鳜鱼、藜蒿等全是当地的特色食材，东坡肉、蒸鱼糕、豆腐泡、糯米藕、炒豆丝、腊蹄火锅等全是湖北的风味名菜。在膳食营养方面，本席取材宽广，荤素互补，真正做到了"鱼畜禽蛋兼顾，蔬果粮豆并用"。更为可贵的是素料接近全席用料总量的一半，但丝毫没有简陋之感。

例2，武汉五芳斋元宵宴菜单。

精美四围碟

黄陂烧三合

椒盐基围虾

香菇蒸鸡翅

砂煲牛仔骨

香炸糍粑条

清蒸武昌鱼

蒜茸炒藜蒿

腊蹄炖粉藕

四味鲜汤圆

应时水果拼

说明:本菜单由素有"汤圆大王""粽子大王"之美称的武汉五芳斋提供。本席的"四味鲜汤圆"是该店新近创制的,它将牛肉汤圆、传统汤圆、巧克力汤圆、南瓜花生蓉汤圆合理组合,甜、咸、荤、素兼备,四色汤圆同锅共煮,色彩分明而味各不同。

例3,汉阳乐福园酒楼端午宴菜单。

冷菜:

  盐茶鹌鹑蛋 香菜拌牛肉

  香脆泡藕带 油炝脆肚仁

热菜:

  三鲜烩鱼肚 莴笋焖腊鸭

  福园酱猪手 蒜子烧鳝乔

  葛粉莲蓉露 鸡汁素四宝

  剁椒胖头鱼 清汤煨牛尾

点心:

  全料清水粽 楚乡绿豆糕

水果:

  应时水果拼

说明:本端午宴菜单由武汉市汉阳乐福园酒楼所提供。该店设计与制作的此款端午宴,季节特征鲜明,地方风味突出,筵宴格局简练,膳食组配合理。

例4，天门聚樽苑酒店中秋宴菜单。

彩碟：

  月是故乡明

冷菜：

  水晶冻肴肉   椒麻卤鸭掌

  菊花糯米藕   酸辣金钱肚

热菜：

  百花酿刺参   天门炮蒸鳝

  板栗焖仔鸡   特色香辣蟹

  米酒酿汤圆   金针菇茄子

  粉蒸黄颡鱼   双圆乳鸽汤

点心：

  菊花香酥糕   聚樽苑月饼

水果：

  时果大拼盘

说明：本中秋宴系由湖北省天门市聚樽苑酒店梁少红大师于2011年秋设计与制作的一款节日宴。本筵席以中秋节庆为主题，以天门地方特色风味菜品为主体，重点突出，主次分明。为彰显地方特色风味，筵席设计者精选了多款本地特色食材及风味名菜，尤以百花酿刺参（酿蒸）、天门炮蒸鳝、粉蒸黄颡鱼等蒸菜，功力深厚，众口皆碑。为突出宴饮主题，筵席在食材的安排、菜品的选择、菜名的确定及场景的布置等方面，时刻突出"中秋佳节，亲友团聚"这一中心，用以烘托节日气氛。为调配膳食营养，本席遵循了广泛取料、荤素搭配的膳食调配理论，菜品的制作以蒸、煮、烧、焖为主体，食物原料的营养素得到了合理利用。

例5，荆州荃凤雅宴酒店团年宴菜单。

冷菜：

  手撕腊鳜鱼   虾米拌香芹

    香辣口水鸡   红油卤顺风

热菜：

    富贵荆沙甲   荃凤合家欢

    公安牛三鲜   荆沙蒸鱼糕

    千张扣蒸肉   红枣鲜橙羹

    腊味炒藜蒿   吉庆年有余

座汤：

    腊排煨莲藕

点心：

    团圆欢喜坨   金银双色饺

水果：

    荆南水果盘

  说明：本团年宴由湖北荆州荃凤雅宴酒店设计与制作，以"迎春纳吉，合家团年"为主题。在筵席组配方面，全席菜品由冷菜、热菜和点心水果三大部分构成，其成本比例分别为12％、78％、10％，主次分明，重点突出。在菜品选用方面，荆沙焖甲鱼、长湖蒸鱼糕、公安牛三鲜、江陵千张肉等，均系当地传统风味名菜，荆南冬令鱼米之乡的饮膳特色鲜明。在节令食材调配方面，腊鱼、腊肉、红枣、鲜橙、莲藕、藜蒿、香芹、百合、荆南水果、公安肥牛、荆沙鱼鲜，既是冬令食材，又是当地特产。在膳食营养供给方面，多料兼顾使用，荤素交相呼应，冷热渐次推进，干稀合理搭配，既有利于形成合理膳食，又方便食用、消化和吸收。在制作工艺方面，集蒸、煨、烧、焖、拌、炒等多种技法于一体，因料而异，因菜而施，技艺精湛，精益求精。在感官品质方面，兼顾了色、香、味、形、质、器的合理组配，一菜一格，互不雷同，分则自成一体，合则相互映衬。

三、迎送酬谢宴设计

（一）迎送酬谢宴设计要求

  迎送酬谢宴，是民间亲情宴中除人生仪礼宴、岁时节日宴外，较为常见的一类亲情筵席,如亲朋聚会宴、接风饯行宴、酬谢恩情宴等。此类筵席大多与公务和商务活动无关,但比一般的便餐席正式庄重,酒宴多在餐厅操办。

设计迎送酬谢宴,一要明确筵宴主题,突出宴饮氛围,围绕筵席主题排菜。二要尊重宾主的愿望,符合当地的饮食习俗,最大限度地迎合宴饮宾客。三要明确接待规格,确立筵席的规格档次,突出重点,分清主次。四要结合餐厅自身的实际情况,扬长避短,发挥专长。五要考虑节令要求,突出名特物产,变换菜品口味。六要重视筵席菜品的合理调配,避免单一雷同。七要考虑整桌筵席的营养,荤素互补,多料并用,清鲜为本,适量为度。八要体现筵宴特色,求新求变,迎合餐饮潮流。

(二)荆楚风味迎送酬谢宴赏鉴

例1,武汉黄陂假日酒店接待台湾同胞的迎宾宴。

武汉市黄陂区位于武汉市北郊,江汉平原与鄂东北丘陵的结合部,是武汉市面积最大、生态最好、文化底蕴最深的经济区,素有"无陂不成镇"之说。黄陂拥有殷商盘龙城、汉魏木兰文化、北宋二程文化、民国黎元洪四大文化名片;是湖北省第一台乡、第二侨乡,旅外华侨和港澳台同胞超过30万人。

下面是武汉黄陂木兰浅水湾假日酒店2009年冬季接待台湾同胞的一份迎宾宴菜单,可供赏鉴。

彩碟:

  喜鹊登梅(大型工艺冷拼)

围碟:

  藕断丝连(蜜汁糯米藕)

  鱼雁传书(芫荽腊鳜鱼)

  隔海相望(海蜇渍湖虾)

  手足情深(椒盐卤蹄花)

热菜:

  人心思归(人参扒寿龟)

骨肉团聚(八宝烩鱼肚)

故乡明月(鸽蛋酿花菇)

兄弟齐心(黄陂烧三合)

早日和合(红枣百合羹)

炎黄子孙(竹荪烩虾籽)

河山秀美(鸡汁素四宝)

吉星高照(鸡汁双圆汤)

点心:

叶落归根(小笼地菜饺)

皆大欢喜(香甜欢喜砣)

水果:

母子情深(宜昌子母橙)

例2,荆州学子酬谢恩师的谢师宴。

十年寒窗,一朝圆梦,别离母校,师恩难忘! 为酬谢恩师的殷殷教诲,激励学子迈向新的征程,"唯楚有才"的荆沙大地连年举办谢师宴。2012年,毕业于荆州中学的刘同学以613分的优异成绩被武汉大学录取,在湖北楚园春酒业有限公司的资助下,一场大气的谢师宴在荆州阳光大酒店隆重举行。下面是其筵席菜单,可供赏鉴。

荆州学子谢师宴菜单

冷菜:

百花争艳绣锦图(什锦卤水拼盘)

热菜:

寒窗苦读犇前程(豉椒苦瓜牛柳)

春江水暖鸭先知(水晶鸽蛋鸭掌)

秋天一鹤铮铮骨(仔公鸡焖排骨)

杏坛方寸悬明镜(荆州长湖鱼糕)

儒学衣冠启后人(金盏油炸薯丸)

　　独占鳌头喜气扬(蟹斗酿蒸虾球)

　　喜看三春花千树(鸡油植蔬四宝)

　　知恩图报鸦反哺(鹌蛋黄焖甲鱼)

汤菜：

　　红豆此物最相思(红豆米酒橘羹)

　　桃李天下展英才(鸡汁三色鱼圆)

点心：

　　敬献恩师状元饼(豆沙状元喜饼)

水果：

　　寸草报得三春晖(三色时果拼盘)

　　说明：本筵席主题鲜明。第1~2道菜品"百花争艳绣锦图"和"寒窗苦读犇前程"可理解为"立志求学篇"；第3~6道菜品"春江水暖鸭先知""秋天一鹄铮铮骨""杏坛方寸悬明镜"和"儒学衣冠启后人"可理解为"恩师授业篇"；第7~8道菜品"独占鳌头喜气扬"和"喜看三春花千树"可理解为"成才欣喜篇"；第9~11道菜"知恩图报鸦反哺""红豆此物最相思"和"桃李天下展英才"可理解为"感念师恩篇"；第12~13道菜品"敬献恩师状元饼"和"寸草报得三春晖"可理解为"知恩图报篇"。整张菜单排列齐整紧凑，前后连贯，浑然一体。

第四章　荆楚风味便餐席设计

荆楚风味便餐席是鄂式宴会席的简化形式,是一种应用更为广泛的简便筵席。此类筵席类似于家常聚餐,经济实惠、大方实用,流行于荆楚大地,有鄂式家宴、鄂式便席和鄂式团体餐之分。

第一节　荆楚风味家宴设计

家宴,是指在家中设置酒菜款待客人的各类筵席。与正式宴会席相比,家宴主要强调宴饮活动在办宴者家中举行,其菜品往往由家人或聘请的厨师烹制,由家庭成员共同招待。它没有复杂烦琐的礼仪与程序,没有固定的排菜格式和上菜顺序,菜点也可根据宾主爱好确定。这类筵席特别注重营造亲切、友好、自然、大方、温馨、和谐的气氛,能使宾主双方轻松、自然、和乐而又随意,有利于彼此增进交流,促进信任。

一、家宴设计要求

我国有数亿个家庭,每个家庭都会请客设宴。为全面而系统地阐述家宴设计与制作技艺,笔者曾以应用最为广泛的乡村家宴为例,撰写《乡村家宴的设计与制作》,对其菜单设计、原料选购及筵席制作分层进行了介绍。

制办乡村家宴,虽是小事一桩,可筵席的涉及面广,影响较大。同样是花钱办宴,有人办得经济实惠,体面大方;有人却枉费财力,劳神不讨好。这是因为,乡村家宴既要注重菜单的编制、原料的选购,还须合理安排办宴程序,灵活掌控宴饮节奏。

(一) 家宴菜单设计

家宴菜单,即家宴上所列菜品的清单。它是采购原料、制作菜点、排定上菜程序的依据。由于家宴菜单编制的好坏,会直接影响到宴饮的效果,关系着家宴的成败,因而,设计一份适合自己施展才艺的菜单,能为家宴的顺利进行铺平道路。

1. 菜品的选择

操办乡村家宴,必须选择好合适的菜品。确定家宴的菜品,首先要分清宴饮的类别,尊重宾主的需求。例如:寿宴可用"寿星全鸭",如果移之于丧宴,就极不和谐;一般筵席可用分份的梨子,如果用之于婚宴,就大不吉祥。乡村的亲友特别注重传统的风俗习惯,强调"以人为本"。所以,当地酒宴上的习用菜点以及宾主们嗜好的菜肴,能够兼顾的应尽量考虑。

照顾了宾主的要求后,接着应考虑办宴者的拿手菜点,尽量发挥自身的技术专长。对待别人好奇而自己较陌生的菜肴,必须审慎为之,切不可抱侥幸心理贸然上手。例如"脆炸鲜奶",虽然菜名悦耳,可是制作的限制条件太多,如果筵席操办者对此把握不大,不如干脆回避。行家们常说:扬长避短是编拟菜单的要诀,此话一点不假。

为了稳妥保险,操办规模较大的乡村家宴时,应尽量选择操作简便且不易失手的菜肴。例如,烹制"酸辣鱿鱼",选用干鱿鱼涨发,就不如直接购买水发鱿鱼;用土灶烹制菜肴,鱼丝容易散形,不如改用鱼片。对于工艺复杂的菜肴,更须量力而行,如果时间仓促,又不忍割爱,势必弄巧成拙,力不从心。例如婚庆宴上安排"飞燕全鱼",其感官品质良好,寓意也深刻,但制作此菜时耗时费力,成本又高,且不易把握,倒不如改用"干烧全鱼",既简便省事,又中看中吃。

务本求实,是操办乡村家宴的基本原则。确定家宴菜品时,应特别注重其食用价值,切不可哗众取宠、欺哄宾客。有些菜肴,例如"九龙戏珠""百鸟朝凤"之类,看上去龙飞凤舞,吃起来味道平平;如果在高档宴会席上用来装饰席面,倒还可以,若安排在乡村家宴中让人品尝,则是格格不入的。

在乡村设宴,不同于宾馆酒楼,简陋的办宴条件,不能不加以考虑。人手不够时,在菜品的取舍上最好是删繁就简、周密安排;设备不全时,则要回避那些对炊具要求苛严的菜品。例如"铁板牛柳",如果家中没有铁板,最好不要安排。特别是调料不齐时,千万不要硬性地制作风味独特的名菜名点。譬如家宴上安排"豆瓣鲫鱼",本来无可厚非,如果一时购不到郫县豆瓣,却硬要安排此菜肴,则是自己给自己找难堪。

2. 菜点的排列

家宴的菜点选定以后,还得按照一定顺序和比例加以排列,使之成为一席完整的佳肴。为了适应味型的变换、兼顾酒水的作用,长期以来,湖北本地的居民对于酒席的上菜顺序有条习惯性的规程,即:冷碟—热菜—汤菜—点心—水果。尽管乡村家宴属于便宴之列,其上菜规程可以灵活改变,不必完全照此硬套,但是,万变不离其宗,"冷者宜先,热者宜后;咸者宜先,甜者宜后;浓厚者宜先,清淡者宜后;无汤者宜先,有汤者宜后;菜肴宜先,点心宜后"的就餐习惯还是应当遵循的。

安排乡村家宴,既可参照当地的酒宴格局,也可借鉴正规筵席的模式。一般来说,冷碟通常为4~6道,多是以双数的形式出现。热炒通常为2~4道,大多安排旺火速成的菜肴。大菜的数量应因办宴的规格而定,一般为6~10道,其中,素菜、汤菜是必不可少的。头菜作为整桌家宴的"帅菜",量要大、质要精,风味必须突出。点心、水果等属于家宴的"尾声",排菜的要诀是"少而精"。

要使乡村家宴的宴饮效果理想,排列家宴菜点时,还须注重工艺的丰富性。如果菜式单调、技法雷同、味型重复,宾客难免会产生厌食情绪。所以,确定菜点顺序时,还得注意原料的调配、色泽的变换、技法的区别、味型的层次、质地的差异和品种的衔接。只有合理排菜,灵活变通,才能显示出乡村家宴的生机和活力,给就餐者以新颖的观感。

3. 家宴成本的分配

编拟席单之难,主要还不在于菜品的选择和排列,而在于如何合理分配办宴的成本,准确地进购各类原料。编制家宴菜单时,必须了解每桌酒席所要花费的总成本,先将总成本划分为三大部分,分别用于冷菜、热菜和点心水果等。一般情况下,这三组食品的大体比例分别是:普通家宴12%、80%、8%;中高档家宴16%、70%、14%。在每组食品中,再根据每道菜肴的原材料构成,结合市场行情,推算出大致成本,使各组菜品的成本总和与该组食品的规定成本基本一致。只有这样,整桌菜肴的质量才有保证,各类菜品的比重才趋于协调。

4. 家宴菜单实例

下面是武汉市郊黄陂区乡镇居民2004年冬季聘请厨师设计的团年宴菜单、原材料进购单及炊具餐具用具清单,可供参考。

武汉市郊黄陂区乡村家宴菜单			
类别	菜品名称	成本	比例
冷菜	麻辣肚档　五香牛肉 糖醋油虾　广米香芹	38元	14%
热菜	腰果鲜贝　茄汁鱼片 腊味蔾蒿　酸辣鱿鱼 全家福寿　红烧全髈 八宝酥鸭　桂圆甜羹 黄陂三合　植蔬四宝 脆熘龙鱼　山药炖鸡	207元	73%
点心 茶果	喜沙甜包　合欢水饺 母子脐柑　茉莉花茶	35元	13%
成本:280元/桌;	桌数:10桌;	时间:2004年冬	

(1)荤料进购单:

河虾　　　　　　　3000克

荆楚风味筵席设计

牛肉	4000 克
鱿鱼	6500 克
鲜贝	3000 克
土鸡	10 只（每只约 1200 克）
仔鸭	10 只（每只约 1400 克）
青鱼	8000 克
前蹄髈	10 只（每只约 800 克）
猪后腿肉	5000 克
鲜鲤鱼	10 条（每条约 900 克）
鸡蛋	1500 克
虾仁	600 克
腊香肠	450 克
海米	250 克
水发刺参	800 克
水发鱼肚	800 克

（2）素料进购单：

藜蒿	4500 克
芹菜	3000 克
山药	2000 克
腰果	1200 克
大蒜	1000 克
糯米	500 克
香菇	300 克
冬笋	500 克
玉米笋	3 听
草菇	3 听

菜心	2000 克
红萝卜	2000 克
桂圆罐头	4 瓶
银耳	200 克
莲米	250 克
宜昌脐柑	110 个
小豆沙包	110 个
三鲜水饺	5000 克
茉莉花茶	250 克

(3) 调味料进购单：

西红柿酱	3 瓶
五香卤料	1 小袋
干红尖椒	200 克
花椒	100 克
小葱	300 克
生姜	400 克
酱油(老抽)	3 瓶
白糖	1000 克
食盐	2000 克
味精	400 克
色拉油	8000 克
小麻油	1 瓶(500 克)
红辣椒油	1 瓶
香醋	1 瓶
料酒	1 瓶
干淀粉	600 克

| 胡椒粉 | 100 克 |

(4) 炊具餐具设备清单：

案台	2 副
案台配套用具	2 套
炉灶	3 口
炉灶配套用具	3 套
蒸笼	1 套（含扣碗）
桌椅	10 套
餐具	10 套（每套 4 冷碟、7 浅底盘、6 深底盘、2 汤碗）
小件餐具	100 套（含筷子、托碟、汤匙、口汤碗、酒杯）
茶具酒具	10 套

（二）原料的选购

安排家宴的原料，首先应根据办宴的规格，合理地确定不同的品种。一般来说，中高档家宴，可适量安排名贵食材，而普通的乡村酒席，通常都是就地取材。在武汉周边地区，一桌家宴如果用上了"四喜四全"（"四喜"即四种花色点心，"四全"指全鸡、全鸭、全鱼、全膀），就算上了档次了。在襄阳农村，乡间的酒宴多为"三蒸九扣席"，用料虽然普通，但能传承数百年。此类筵席类似于四川田席、鲁西阳谷乡宴，用料皆以当地物产为主，原料档次不高，但酒席的适应面广。

为了显示酒宴的规格，有人觉得不用山珍海味不足以赢得宾客的好评。其实，价廉物美的土特产原料，只要做得奇妙，效果同样理想。清代美食家袁枚说："豆腐得味，远胜燕窝，海菜不佳，不如蔬笋。"在乡村操办家宴，要尽可能地安排当地的名特产品。如"萝卜豆腐数黄州，樊口鳊鱼鄂城酒，咸宁桂花蒲圻茶，罗田板栗巴河藕"；"野鸭莲菱出洪湖，武当猴头神农菇，房县木耳恩施笋，宜昌柑橘香溪鱼"。操办民间家宴，优先安排当地的土特物产，既物美，又价廉，谁不叫好呢？至于祖传私房菜，更应优先考虑。如云梦鱼面、荆南虾酢、孝感米酒、武汉风鱼之类，虽然自己吃腻了，别人也许从未吃过，会有新奇、香鲜、大快朵颐之感。

确定了家宴原料的规格后,接着应考虑的是如何调配原料的品种。这是因为,交替使用各类原料,既能提高整桌菜肴的营养价值,又能给人一种变化的美感。厨谚云"席贵多变",农村的家宴自不例外。具体办宴时,最好是鱼、畜、禽、蛋、奶兼顾,蔬、果、粮、豆、菌并用。如果原料过于单调,不但菜式易于雷同,制作比较困难,而且会影响就餐者的食欲,减弱筵宴的情趣和魅力。

有了种类较多的原料,的确可以丰富菜肴的品种,但欲使办宴的效果更加理想,在同类原料之间,还应尽量选择优质的原料。《随园食单·先天须知》在强调选用优质原料时说:"人性下愚,虽孔孟教之,无益也;物性不良,虽易牙烹之,亦无味也。"操办乡村家宴时,如果适当地多用当地的名优特产,既有利于保证菜肴的质量,又能提高整桌筵席的档次。

强调选用优质原料,不能不考虑筵席的成本。只有灵活地掌握市场行情,真正懂得原料的属性,合理地调配菜肴,才能有效地降低办宴成本。制作同一菜肴,若有几种原料可供选择时,则要考虑使用哪种原料最为经济合理。例如:后腿肉和五花肉都可以用来制作"地菜春卷",显然前者不及后者划算;青鱼和鳜鱼都可以制作鱼丸,但选用高价的鳜鱼就不如使用相对价廉的青鱼。操办同一规格的家宴,可供选择的原料更是灵活多变。对待售价相近的同类原料,还须根据市场行情和人们的饮食习惯,择优选用。例如:羊肉和狗肉都可以用来制火锅,但"狗肉不上正席";三角鳊与团头鲂(即武昌鱼)都可清蒸,但用后者就更显气派。

乡村的家宴,历来讲究丰盛。要想降低办宴成本,确保菜肴的分量,还可采用如下方法:第一,就地取材,增大素料比例。乡村的物产大多是自产自销,总的来讲素料低廉,荤料昂贵。操办乡村家宴时,如果适当地增加素料的比例,既可提高整桌酒席中维生素、无机盐的含量,改变传统筵席中重油大荤的弊病,又能增色添香,调节口味,有效地降低成本。第二,多用成本低廉且能烘托席面的菜品。例如甜菜"银耳马蹄露",虽然用料普通,成本极低,但它甜润适口,美观大方,能使酒宴显得丰盛;而"干煸牛肉丝"之类的菜肴,对原料的要求特别严格,用掉那么多的精美牛肉,最后只能得到很小很小的一碟菜肴,即便此菜风味独特,席面也显得寒酸,耗费了钱财不说,部分客人还认为是"小气"。第三,合理运用边角余料,注意统筹兼顾、物尽其用。例如,买回一只猪后腿,分档取料以后,肥的可做"夹沙甜肉",瘦的可炒"鱼香肉丝",膘油可以炼油炒素菜,骨头可以加萝卜煨汤,猪皮晒干后可以油发,所剩的碎块、筋膜剁细后,还能制肉茸。乡亲们要求在家中设宴,大多考虑过一料多用的问题;现今有些肆厨外出办宴不太受欢迎,主要原因之一便是那种大手大脚的用料习惯令人害怕。

至于原料的用量,当然要以人人吃饱为原则。通常情况下,每桌 4~6 千克净荤料,6~8 千克净素料便足够了。值得注意的是,乡村家宴的购料,不同于宾馆酒楼。由于贮存条件有限,原料进多了,造成浪费,主人暗暗叫苦;原料进少了,宾主尴尬,办宴者更是无力回天。所以,安排乡村家宴的原料,应当掌握好宽打窄用的原则,既不能太紧,又不能过松,还得适当留有余地(乡村亲友在婚丧寿庆时常会一连住上几天,便餐特别多)。备料稍宽,既便于排菜操作,又有利于应付临时增加的客人。

如果市场供应发生了变化,所进的原料不够合理,则应见料做菜,灵活变通。主料不足时,可以适当增加配料;配料不齐时,可以灵活选用替代品。在乡村办酒席,应当是不变中有变(用料),变中有不变(风味)。如果墨守成规,一味死守菜谱,筵席的操办就难以进行。

谈及灵活变通,顺便谈一下"正宗"的问题。酒楼饭店对此很是讲究,用料、刀工、火候、调味都得一丝不苟,菜肴的色、质、味、形都有明确的规定,而在乡村操办家宴,由于条件有限,恐怕不能一一遵循。因此,肆厨在乡村操办酒席,要多一点灵活性,只要保证基本风味不变就可以了。如果对原料过分挑剔,不仅难于购买,自己也陷于被动,客人还会批评你只有死技术,没有活本领,最后的结果往往是不欢而散。

(三)家宴的制作

乡村家宴的工序复杂,时间紧凑,设备简陋,各项工作必须有条不紊地交错进行,宴饮才能成功运转。如果东一榔头西一棒子,难免顾此失彼,贻误时机。所以,操办家宴之前,应着眼全局,统筹规划。宾主的各项要求、办宴的每一细节、操作的重点和难点都要通盘考虑,认真对待,谁先谁后谁主谁次,也应心中有数,做到忙而不乱。

一般来说,在乡村制办家宴,可分为清理检场、初步加工和正式烹制三大步骤。

1. 清理检场

制办乡村家宴,第一道工序是依照菜单检查原料的配备情况。清点原料时,应着重检查原料的质量和用量,对待必不可少的原料,应催促尽快备齐;如果购物的确困难,进购了与席单无关的其他原料,则应灵活变动菜单,见料做菜。对待容易变质的原料,要及时处理,以便确保家宴的质量。

原料清点后,还须检查炉灶的火力情况。性能良好的炊饮器具,能为烹制的顺利进行带来许多方便。值得提醒的是:农家土灶,大多灶体固定,火力虽可调制,但操作极不灵便;再者,用木柴(或煤炭)做燃料,烟子特重,对制品的色泽影响较大。因此,乡村家宴的桌数较多时,建议临时添加大煤炉。如果条件确实有限,则应多备三五个小煤球炉,哪怕是用来烧烧开水,或是煨汤煮菜,也有利于缓解走菜时的紧张局面。特别是一些流水席,大多使用海碗装菜,汤羹菜、蒸焖菜的比重较大,如果用单一土灶慢慢烹制,则要等待很长时间,与其望着炒锅发呆,倒不如多备炉灶,以不变应万变。

至于锅、碗、盘、盆等必备之物,也应逐一清查,提前预备,以便急时使用。例如,多备几口炒锅,就有利于提前预制"黄焖鸡块""红烧牛脯"等耗时较长的大菜,先将原料烧至八九成熟,待上菜时,原锅上火,瞬间即成。多备几个脸盆或笸箩盛装原料,对于达到配菜的条理性,也大有帮助。

在乡村操办筵席,由于条件有限,炊制工具多不齐备,有时甚至不合要求,对此,不要求全责备。实际操作时,能代用的要代用,能凑合的要凑合,能改装的要改装。特别是在贫困山区,设施极为简陋,铁丝编的漏勺、葫芦制成的水瓢,凡是能够派上用场的,都应因陋就简。办宴者如果不能入乡随俗,乡村家宴的制作就寸步难行。

2. 初步加工

家宴的初步加工主要是为宴前烹制作准备的。具体操作时,首先要做好各种干货原料的涨发工作。在涨发的同时,可以着手进行冷菜原料的初步加工(例如:牛肉改为大块、猪肚翻洗干净),接着是开炉堂,烧沸水,把该焯水的原料(口条、鸡爪)全部焯水,然后根据原料的质地和新鲜程度,把该卤制的原料(牛肉、蹄髈)分批卤制。在卤制的同时,可抽空对鱼类、畜类、禽类、蔬菜等热菜的原料进行初步处理,分档取料,并做好必要的切料、浆拌等准备工作。对待茸制品(鱼茸、肉茸)及工艺菜肴("兰花鱿鱼""寿桃樊鳊"),也应抓紧时间逐一完成。待至凉菜卤好以后,接着就开油锅,把该炸制的原料(肉丸、鸡翅)处理为半成品。如果炉灶还闲着,可以把猪骨、鸡架、肉皮等下脚料熬成毛汤。最后,按照菜单合理地进行配菜(桌数较多时,最好用碗一份份地量好),并将所有的菜品原料按上菜顺序分门别类地摆放整齐。至此,乡村家宴的准备工作才算完成。

值得注意的是:有些经验不足的办宴者,由于技艺不够娴熟,或是没有经历过大的场面,老是害怕走菜时的紧张局面,要么将本该"现烹现吃"的菜肴(例如"家常石鸡""腰果鲜贝")先期处理至熟,要么备上大的蒸笼,统统蒸熟备用。其实,这种急躁的心理是多余的,只要宴前操作的程序合理,及时上菜是不成问题的。

3. 正式烹制

宴饮的当天,首先要切好葱、姜、蒜,备齐各种调味料(花椒盐、麻辣汁),并将这些调料依次摆放在顺手的案上,以便及时取用。冷碟的拼摆要根据宴饮的规模和办宴的时间灵活掌握。如果家宴的桌次较少,规格较高,可以适当地进行造型,但绝不可喧宾夺主,忽视了"以味取胜"这一办宴主旨;如果家宴的桌次较多,时间有限,则应删繁就简,免去装饰等环节。冷碟的调味汁要在临近走菜时浇入,以免水分过早渗出,影响菜肴质地。热菜是筵宴的"主题歌",拼好冷碟

第四章 荆楚风味便餐席设计

后,应把热菜中该焯水的原料(如鱿鱼)焯水,该过油的原料(如鸭块)过油。对待耗时较长的煨、炖、蒸、焖等大菜,也应根据原料的质地提前进行预制,为上菜的顺利进行扫清障碍。

走菜前 40 分钟,应检查一次炉灶的火力情况,添足燃料;清点一下整桌酒菜原料,以便心中有数。开席时间一到,首先端出冷菜,紧接着迅速自如地烹制好全部热炒菜,然后精心调理好头菜。这便为后面的菜品制作赢得了主动权,此时,就有足够的精力去制作其他大菜了。由于乡下亲友宴饮的节奏普遍较快,建议在烹制其他热菜的同时,及时地推出事先预制好的大菜;如果遇上宴饮节奏较慢的亲友,则应根据宴饮的进程灵活调排,从容不迫。这中间既要防止菜点通盘齐上、叠碗垒盘、变相逐客的情况出现,又要避免盘碗朝天、宾主等菜的尴尬局面。至于点心、水果之类,必须提前备妥,随要随用便是了。

办理大型的乡村家宴,有时需要聘请多位专职厨师,厨师之间还须处理好分工和协作关系。主厨不要事必躬亲,而应分清主次,抓住重点。对于择洗、刨皮、切削、排剁等工作,可以让帮厨人员去干;对于切料、浆拌、拼摆、过油等工作,只要不影响菜肴的质量,也应交由助手承担;而备料、配菜、烹制、调理等关键性的工序,则应慎重其事,亲自动手,重点把关。善于使用助手的主厨,应当是立足炉案,眼观餐室,运筹帷幄,游刃有余的,这样既可减轻自己的劳动强度,腾出时间和精力确保重点,又能锻炼助手,沟通主人,收集反馈,确保宴饮的顺利进行。如果事事包办,不但延误了办宴时间,而且累得精疲力竭,最后落个吃力不讨好!

至于城镇家庭设置筵席,由于设宴的场地所限,大型筵席多在酒店举行,一些小型的宴饮聚餐,则在家中操办。

下面为武汉城区家庭设计了一桌小型家宴,7 菜 1 汤 1 主食,另加啤酒,适用于 4~5 月接待亲友,可供 6~8 人享用。

城镇小型家宴菜单:

　　凉拌鲜毛豆

蒜子烧鱼乔

酸辣鱿鱼筒

虾皮蒸鸡蛋

江城酱板鸭

糖醋烧排骨

香滑莲藕带

鱼头豆腐汤

京山贡米饭

行吟阁啤酒

城镇小型家宴操作程序：

这类小型家宴，只需一至二人操办，耗时大约80分钟。

（1）清理准备：这一阶段的主要任务是清点所购的各种原材料，及时进行妥善处理；清洗锅、碗、盘、盆等炊具和餐具，备好烟、酒、茶和各式饮具；备齐各种调料和配料，做好毛豆、藕带等原料的初加工；洗米、洗菜，准备蒸饭。

（2）切配加工：这一阶段的主要任务是排骨洗净，剁块；酱板鸭改刀装盘，准备用微波炉烤制；鱿鱼剞花刀，改刀焯水并投凉；鳝鱼清洗后，改切成段；鱼头劈成两半，洗净备用；备好鱼香味汁及酸辣鱿鱼的综合卤汁，拌好凉拌毛豆。

（3）正式烹制：这一环节的主要任务是排骨预制后，提前进行熟处理，临近就餐时调准口味。取电饭煲蒸饭，10分钟后，调制虾皮鸡蛋液，与米饭同蒸；用蒸锅（或微波炉）给酱板鸭加热。与此同时，取炒锅煎煮鱼头豆腐汤，再烧制蒜子鳝鱼乔；待主菜完成后，宾主可入席饮酒，爆鱿鱼及炒藕带随即迅速上桌。7菜1汤及米饭可在半小时内依次上席，所有饭菜一热三鲜。

城镇小型家宴制作要领：

凉拌鲜毛豆 ①刚上市的鲜毛豆，色泽亮绿、毛茸完整、豆荚饱满、豆米脆嫩，品质最佳；②毛豆焯水之前应使用滚油冲制姜末和蒜泥，兑好鱼香味的调味汁；③毛豆焯水的时间不宜过长，否则豆米疲软，影响质感；④本菜属凉菜，可提前备好。

蒜子烧鱼乔　①夏初的鳝鱼质嫩味鲜,素有"小暑黄鳝赛人参"之说;②本菜宜选中粗黄鳝,配以蒜瓣及五花肉同烧,风味更佳;③烧制鳝鱼应于原料七成熟时放盐,于菜肴起锅时重用胡椒粉;④本品益气补血,有祛除风湿之效,应趁热品鲜。

虾皮蒸鸡蛋　①虾皮宜用葱姜汁泡透、洗净,除去腥味;②蒸饭时,可将调好的虾皮鸡蛋液置入电饭煲内一同蒸制,节省时间;③调制虾皮鸡蛋液的窍门是:取新鲜的土鸡蛋(4只)拌匀,加入食盐、白糖和虾皮,一边搅动一边慢慢注入白开水,置于满气的电饭煲内蒸至断生即可。

酸辣鱿鱼筒　①水发鱿鱼剖麦穗花刀时应注意下刀的角度、深度和刀距;②鱿鱼正式烹制前应调好兑汁芡;③爆炒鱿鱼筒以收包芡为佳,锅内底油不宜过重;④鱿鱼过油、爆炒、上菜应连贯进行,以确保其质感。

江城酱板鸭　①江城特产酱板鸭质地酥嫩、滋味鲜香、售价适中,佐酒下饭皆宜;②酱板鸭每份仅用半只,可烤可蒸可炸,制作简单大方,食用冷热均宜。

糖醋烧排骨　①排骨宜选土猪的直排,新鲜为度,两根即可;②排骨预处理后,宜加白糖炒至香味溢出,加水烧沸后,以中小火较长时间加热;③调味以咸鲜为底味,突出酸甜;④炒糖可至色泽红亮,不宜加入过多老抽(酱油)。

鱼头豆腐汤　①选择壮实的鲜活鳙鱼头,配以精炼的豆油或猪油煎制,使用旺火加热,可使汤汁浓酽乳白;②汤汁浓白后加入豆腐和食盐,用盐量不宜过多,以咸鲜略带微甜为准;③本菜色白味醇,一尘不染,应趁热品鲜,"及锋而试"。

香滑莲藕带　①莲藕带以白嫩、壮实、脆爽者为上品,烹前宜用清水浸泡;②烹制时应热锅冷油、旺火快炒,临近起锅时调味;③用米汤或水淀粉勾薄芡,可增加菜肴的光泽,便于藕带入味;④为了迎合嗜辣的家人及亲友,本菜可调香辣味或酸辣味。

我国著名的筵宴文化专家陈光新教授说:筵席的发展趋势是"小、精、全、特、雅"。设计并制作这样一桌小巧而精美的家常筵席,应当是别有一番情趣。

二、荆楚风味家宴赏鉴

荆楚风味家宴作为荆楚风味筵席的重要组成部分,在湖北及其周边地区的应用相当普遍。其主要特色是:选料突出淡水鱼鲜和山野资源;调制擅用蒸、煨、烧、炸、炒等技法;菜品汁浓芡亮、鲜香微辣、富有鱼米之乡的饮馔特色;每桌家宴的菜点多在12道以上,规格档次居中;筵宴常按冷菜、热菜、汤菜、点心的上菜顺序依次排列,款式纷繁,风格各异。

例1,汉沔风味家宴(春季)。

冷菜:

　　五香熏鱼块　　　　虾米拌香芹
　　红油卤顺风　　　　蒜茸炝菠菜

热菜:

　　吉利全家福　　　　葱爆鱿鱼卷
　　韭黄炒鸡丝　　　　萝卜焖牛杂
　　沔阳老三蒸　　　　莴苣烧蹄花
　　木耳烧肉丸　　　　清蒸长春鳊
　　腊味四季豆　　　　鱼丸鱼头锅

点心:

　　酒糟煎米饼　　　　三鲜蒸水饺

说明:汉沔风味家宴以武汉地方风味家宴为主体。改革开放以前习惯在家中操办,聘请厨师登门主理。现今武汉城区的家宴多在酒楼餐馆举行,周边地区的家宴虽仍在家中操办,但其排菜格局与正式筵席非常接近。此类筵席的食材选用宽广,规格相对较高,鱼鲜菜式安排较多,尤以蒸、煨技艺见长,汉味小吃颇具特色。

例2,荆南风味家宴(夏季)。

冷菜:

第四章 荆楚风味便餐席设计

  皮蛋拌豆腐　　　　　香菜卤牛肉
  凉拌海蜇丝　　　　　蒜泥脆芸豆

热菜：

  长湖蒸鱼糕　　　　　蒜子烧鳝乔
  江陵千张肉　　　　　辣子田鸡腿
  干锅有机菜　　　　　财鱼焖莲藕
  银耳莲枣羹　　　　　米粉蒸鲇鱼
  蒜茸炒苋菜　　　　　冬瓜排骨汤

点心：

  鸡蛋韭菜饼　　　　　豆沙小甜包

  说明：荆南风味家宴主要流传在荆州、荆门、宜昌等地。此类筵席的水乡特色鲜明，水产品的制作技艺独到，菜肴芡薄爽口，咸鲜微辣，尤以鱼糕、鱼圆等地方风味名菜全国称誉。

  例3，襄郧风味家宴（秋季）。

  冷菜：五香扎蹄、麻辣顺风、凉拌新藕、椒麻鸭掌、糖醋油虾、甜汁地瓜；热菜：隆中烧鸭、豉椒牛柳、酥炸斑鸠、夹沙甜肉、蚝油香菇、干菜肘子、蜜枣羊肉、油焖鳊鱼、炒白菜秧、野菌鸡汤；点心：双色蛋糕、虾茸蒸饺。

  说明：襄郧风味家宴主要流行于襄阳、十堰、随州等地，食材以肉禽蔬菜粮豆为主，杂以淡水鱼鲜和山珍野味。菜品咸鲜香辣，口味偏重，汤汁较紧，软烂且有回味。

  例4，鄂东南风味家宴（冬季）。

  红油金钱肚、蚝油焖双冬、三鲜烩鱼肚、黄州东坡肉、鱿鱼五花肉、网油蒸鸭卷、金酱豆腐圆、海米烧豆腐、香煎糍粑鱼、萝卜焖羊肉、蒜茸炒菠菜、咸宁土鸡汤、腊肉炒豆丝。

  说明：鄂东南地区家宴主要由当地特色乡土菜品构成，荤素相配，用油宽，火功足，分量充足，口味略重，菜式简洁；粮豆制品、畜禽制品及烧焖蒸煨菜式的制作有过人之处。

例5，鄂西土家族家宴（四季）。

烟熏野山兔、酸辣拌黄瓜、榨广椒炒肥肠、冬笋焖老鸭、马齿苋蒸熏肉、张关仔鸡合渣、酸菜煮鱼片、熏肉炒豆干、香菇炒菜心、来凤姜蒸鸡、土家油茶汤、香煎野菜粑、葛仙米蒸饭。

说明：土家人家宴以农家特色菜为主体，简单淳朴，味道厚重；素来以健康时尚的山野资源为主，以古朴粗犷的食风为本，深受当地居民及外地游客喜爱。

第二节　荆楚风味便宴设计

便宴，又名"便席"，是指企事业单位、社会团体或民间个体在餐馆、酒店或宾馆里所举办的一种普通宴饮活动。这是一种非正式宴请的简易酒席，规模一般不大，菜品数目不多，宴客时间比较紧凑，招待仪程较为简便。因其不如宴会席那么正规、隆重，故而菜单设计通常是由顾客根据自己的饮食喜好，在酒店提供的零点菜单或原料中自主选择菜品；也可由酒店将同一档次的两套或三套菜单中的菜品按大类合并在一起，让顾客从菜品里任选组合。

一、便宴设计要求

便宴的菜单设计特别适合点菜式筵席菜单。筵席菜单有固定式、专供性和点菜式三类。点菜式筵席菜单是指顾客根据自己的饮食喜好，在餐饮企业提供的零点菜单或原料中自主选择菜品，组成菜单。在湖北省及其周边地区，顾客习惯于通过酒店提供的零点菜单自由选择菜品，或在酒店提供的原料中确定自己所能接受的烹调方法、菜肴味型，用以组合成整套筵席。酒店的接待服务人员通常只在一旁做情况说明，提供建议。

设计此类便宴菜单，应综合考虑如下要求。

(一)明确就餐目的,确定接待规格

便席的设计与制作,首先应明确就餐目的,掌握接待规格。如果是亲朋好友临时聚餐,可选择普通实用的菜品,佐酒下饭两相宜;如果请客意义重大,宴请的规模较小,则应确立档次较高的菜品,以示庄重;接待尊显的贵宾,菜品的规格应相对提高;若主人经济能力有限,则应偏重实惠型的菜品,以保证所有客人吃饱吃好。

(二)迎合宾主嗜好,因人选用菜品

请客的目的就是要让就餐者吃得畅快,玩得尽兴。因此,就餐者的生活地域、宗教信仰、职业年龄、身体状况、个人的嗜好及忌讳等都应列入考虑的范畴。设计便席菜单时只有区别情况,投其所好,才能充分满足不同的餐饮需求。

(三)了解餐厅经营特色,发挥酒店技术专长

设计便席菜单,通常是参照酒店的零点菜单灵活进行。明确了接待规格,照顾了客人的特殊需求后,接着应考虑的便是酒店的经营特色。菜单设计者所选取的菜品与餐厅所供应的菜品应保持一致,特别是酒店的一些特色菜(招牌菜、每日时菜),安排菜点时,必须重点考虑,既可保证质量,又可满足就餐者求新求异的心理。

(四)应时定菜,突出名特物产

确立便席所需的菜点,还应符合节令要求。像原料的选用、口味的调配、质地的确定、冷热干稀的变化之类,都应视气候的不同而有所差异。首先,节令不同,原料的品质不同。如中秋时节上市的板栗,既香又糯;小暑时节的黄鳝肉嫩味鲜。其次,节令不同,菜单亦应有所不同。如夏秋两季气温较高,汁稀、色淡、质脆的菜品宜多;春冬两季,气温较低,汁浓、色深、质烂的菜品宜多。

(五)注重品种调配,讲求营养平衡

顾客指定的特选菜品、酒店的招牌菜品、不同时节的节令菜品等选定之后,接着该考虑的就是便席菜品品种的调配了。调配菜点品种,是便席菜单设计合

理与否的关键之一。譬如,鱼鲜菜品确定了,可适当配用禽畜蛋奶菜;荤菜确定了,应考虑素菜;热菜确定了,应考虑冷菜、点心及水果等;无汁或少汁的菜肴确定了,应考虑汤羹菜;咸味菜肴确定了,可适当安排甜菜及其他风味菜品。此外,便席的菜品还应做到"鱼、畜、禽、蛋、奶兼顾,蔬、果、粮、豆、菌并用",使其膳食营养保持平衡。

(六)增强节约意识,以较小的成本换取最好的收效

便宴的设计与制作,要有节约意识。在接待规格既定的前提下,要以较小的成本选配最为丰盛的菜点,以获取最佳的宴饮效果。具体操作时,除了熟悉菜品(含菜价)、熟悉酒店、熟悉市场行情之外,还得注意菜品及原材料品种的合理安排。可尽量选配物美价廉的特色菜肴,可适当增加素菜比例,可适时参考酒店的促销菜品及酒水等。

二、荆楚风味便宴赏鉴

例1,武昌湖畔美食城便宴赏鉴。

2008年春季,武昌某大型公司的总经理助理负责接待来自南京的客商,由于时间较紧,拟在武昌湖畔美食城设置便宴,供8人就餐,接待标准约600元。下面是其自行设计的便宴菜单。

冷菜:腊味合蒸、卤水牛腱;

热菜:三鲜鲴鱼肚、白焯基围虾、鸡腰烧鹌鹑、椒盐蹄花、葱烧武昌鱼、蒜茸豌豆苗、砂锅土鸡汤;

点心:椰茸小包、三鲜蒸饺;

酒水:白云边酒、鲜橙汁。

说明:本便宴安排了多款地方风味名菜,荆楚风味特色鲜明,符合南京客商的饮食习尚。根据零点菜单所标示的价格,菜点酒水的总价款为596元,符合接待标准。全席菜品涵盖了特色菜、冷菜、海鲜菜、江鲜菜、禽畜菜、蔬果菜、汤羹菜及点心,总计11道,既显丰盛,又不浪费。筵席的冷热干稀、口味质感、营养搭配比较合理,符合"席贵多变"的设计原理。

例2,汉阳老村长乡土风味菜馆便宴赏鉴。

2013年秋季,武汉经济技术开发区某集团公司的7位职员,结伴前往汉阳老村长乡土风味菜馆品尝特色乡土菜。按照50元/位的就餐标准,自行设计了一桌便餐席,下面是其便宴菜单。

冷菜:泡椒黑木耳、糖醋泡藕带;

热菜:油焖土龙虾、灶王焖猪脚、田鸡烧鱼乔、花菇蒸仔鸡、鱼子烧豆腐、蒜茸苕藤尖、牛八挂煨汤;

主食:砂钵蒸米饭、三鲜野菜饼;

酒水:武汉百威啤酒。

说明:湖北乡土风味便席多取用当地居民钟爱的乡土名菜,菜品咸鲜香辣,醇厚肥美;水产鱼鲜较多,蒸煨烧焖而成,装盘丰满大方,价格经济实惠,极具乡野饮食风情。

本便宴根据客人的饮食嗜好,事先各定一主菜,然后总计确立11款乡土风味菜品,涵盖了特色菜、冷菜、江鲜菜、禽畜菜、蔬果菜、汤羹菜及点心等;菜品酒水的总价款为350元,符合预定的接待标准。

例3,恩施自治州帅巴人酒店冬令便席赏鉴。

2012年12月,武汉商学院烹饪与食品工程学院鄂菜研发团队前往湖北恩施从事鄂西特色食材调研。经省烹饪协会朋友引荐,品评了当地优秀民营企业帅巴人酒店设计与制作的特色便宴,下面是其筵宴菜单,可供赏鉴。

冷菜:

  烟熏土腊鸭   酸辣顺风耳

热菜:

  砂煲焖野兔   小米蒸年肉

  香菇土家鸡   石磨豆腐圆

  榨辣椒蹄花   腊香肠菜薹

清蒸大白鲴　　　　当归马头羊
主食:秘制老婆饼　　　土家蒸社饭

说明:恩施帅巴人酒店是以经营餐饮、住宿为主要业务的连锁企业,曾多次被评为恩施市"优秀民营企业"。本便餐席地方特色鲜明,土家风情浓郁,菜式朴实明快,丰而不俗,给人留下深刻的印象。

第三节　荆楚风味团体餐设计

　　团体餐,又称团体套餐,是指为学术研究会、洽谈会、旅游团、访问考察团等大规模团体用餐而设计与制作的一类经济型套餐。主要有旅游包餐、会议包餐及其他类型的套餐。其接待对象主要是集体宾客,他们多在事前预订,届时统一就餐,少则几桌,多则几十桌不等。其特点是用餐人数固定,用餐标准固定,开餐时间统一,用餐速度较快,就餐顾客容易形成统一意见,容易配合就餐服务。

　　制作团体包餐任务艰巨,其菜品多为大批量生产。在保证特色风味及菜品品质的同时,一般都能准时准点地推上餐桌。

一、团体餐设计要求

　　荆楚风味团体餐通常根据人数的多少和价格的高低来设计,多以桌菜的形式出现,一般安排菜品8~12道不等。主要为冷菜、热菜、汤羹和主食,有时加配点心、水果和饮品。此类便宴虽然结构简洁、规格不高,但接待的对象层次不低,要求不少,因此,因时配菜,应客所需,丰富菜品花色品种,确保菜品质量显得非常重要。

(一)丰富烹饪原料品种,适时安排节令物产

　　团体包餐菜品规格不高,但原料的品种要丰富,鱼畜禽蛋奶兼顾,蔬果粮豆

菌并用。还应突出节令物产，尽可能地安排一些应时当令、物美价廉的特色食材。

（二）尊重客人饮食需求，突出地方风味特色

团体包餐包括会议包餐、旅游包餐等。由于包餐性质不同，就餐人员构成不同，因此，设计菜单时要了解包餐顾客的国籍、民族、职业及宗教信仰；在充分尊重客人饮食需求的同时，还须突出当地的餐饮特色，展现当地的饮食风情。

（三）注意菜品调配，确保膳食营养平衡

团体包餐是一种规模较大的简易就餐，菜式结构相对单一。设计团体包餐，应注意菜品间冷热、干稀、荤素、咸甜、浓淡、贵贱的调配，要使整套食品营养成分齐全，以确保膳食营养平衡。

（四）合理安排菜式品种，兼顾餐饮经营效益

用作团体包餐的菜品，要适于批量或小批量生产，使用蒸、焖、烧、炒、炸、烤、煮、炖等技法烹制；要适合于提前预制，以便集中开席，及时上菜；要发挥厨务人员的技术专长，展示餐厅的风味特色；要注重原料间的合理取舍，合理安排边角余料；要充分考虑接待标准，兼顾餐饮经营效益，保证合理利润。

（五）努力翻新菜品花样，避免正餐菜品雷同

设计团体包餐菜单，要注重菜式品种的多样化，处理好原料的调配、技法的区别、色泽的变换、味型的层次、质感的差异及品种的衔接，努力翻新菜品花样，以满足顾客求新求变的饮食需求。特别是会议包餐，往往一连数天，更应注意高低档菜品的搭配，避免正餐菜品的雷同，力争做到餐餐不重复、天天不一样。

二、荆楚风味旅游包餐赏鉴

旅游包餐，系团体包餐的一种主要类型，是指旅客在旅行社为其事先预订之后，以统一标准、统一菜式、统一时间进行集体就餐的一种餐饮形式。其特点是事先预订、人多面广、简易就餐、集中开席、服务迅捷。

设计与制作旅游包餐,必须选择好合适的菜品。确定旅游包餐的菜品,首先要分清旅游团队的类别,尊重旅客的合理需求。对于旅客的国籍、民族、宗教信仰、生活地域、职业、体质以及具体要求都要了如指掌,以便作相应处置。

照顾了旅游团队的具体要求后,接着应亮出酒店的特色菜点,尽量发挥自身的技术专长。在旅游过程中,游客品尝地方特色菜点既是构成旅游经历的重要组成部分,又可满足其摄食养生、求美趋时等消费心理。像汉沔风味的沔阳三蒸、排骨藕汤,荆南风味的荆沙鱼糕、皮条鳝鱼,襄郧风味的五香捆蹄、蜜枣羊肉,鄂东南风味的黄州东坡肉、鄂南石鸡等,无不特色鲜明,常令游客津津乐道、流连忘返。

除"因人选菜""扬长避短"之外,"质价相称""优质优价"的配菜规则也须遵守。游客如果选择在风味餐厅就餐,则应多选精料好料,巧变花样,推出当地知名的特色菜品,为其提供个性化服务;如果团队的游客较多,出价又低,则应安排普通原料,上大众化菜品,保证每人吃饱吃好。值得注意的是,现今有些餐厅违背了"质价相符"的配菜原则,300元的包餐与400元套菜区别不大,甚至没有区别。这种"以高补低"的做法,严重挫伤了旅行社高标准订餐的积极性,大家攀比着降低订餐标准,必然会导致餐饮投诉的发生。

务本求实,是承制旅游包餐需要遵守的又一基本原则。因为旅游包餐的主要特征是"人多面广、简易就餐",用有限的旅游餐费,去承制一整套菜点,迎合众多的旅客,就不能不注重其食用价值。例如,普通的旅游包餐上如果安排"珊瑚鳜鱼",其色、质、味、形虽无可挑剔,但此菜耗时费力,食用性差,成本又高,倒不如改用"豆瓣鲫鱼""干烧全鱼"之类,既简便省事,又中看中吃。

旅游包餐是否受人欢迎,其菜品组配与质量控制最为重要。承办旅游包餐时,应特别注意统筹规划、灵活变通。具体地说,设计菜单时,可适时借鉴下列方法:一是丰富原料的品种,注意选择应时当令的原料,突出节令物产;二是重视菜品间冷热、荤素、咸甜、浓淡、干稀的调配,确保整套菜品的膳食营养平衡;三是多用地方特色菜品,降低餐饮成本,确保饭菜质量;四是合理安排边角余料,注重物尽其用,降低加工损耗;五是避免正餐菜品的雷同,力争做到餐餐不重复、天天不一样。

旅游包餐的菜点选出之后,还须合理组合、依次排列。设计此类菜单,既要参照传统的模式,还须兼顾当地的食俗。

旅游包餐的菜式结构通常是安排6~8菜1汤,另加主食、点心或小吃,上菜不论顺序。从构成上看,冷菜通常只用1~2道,有时安排双拼冷盘或者三拼冷盘。热菜通常为5~8道,兼顾使用禽类、畜类、鱼鲜、蛋奶、蔬果和粮豆;这其中,汤菜只用1道,以咸汤为主。主食(或小吃、点心)是其不可缺少的组成部分,一般安排1~2道。针对部分档次较高的旅游团体,为兼顾其特殊订餐要求,有时可参照宴会席的排菜格局排菜。

旅游包餐的菜品排列本来就没有固定的规程,传统的"八菜一汤、十人一桌",完全可以参照各地的食风民俗而灵活变通。一些特殊的就餐方式,一些特异的排菜方法,只管搬过来,让游客鉴赏鉴赏,使其充分享受旅游的乐趣。

下面是武汉某酒店2010年为在武汉东湖—黄鹤楼—古琴台这一线路旅游的客人设计的一份旅游包餐菜单,可供赏鉴。

冷菜:红油金钱肚

　　　三色莴苣丝

热菜:蒜苗烧鳝乔

　　　沔阳新三蒸

　　　干锅洪湖鸭

　　　黄焖武昌鱼

　　　香菇蒸凤翅

　　　虎皮炸青椒

　　　香滑蔡甸藕

汤菜:冬笋老鸭汤

主食:华农新谷饭

这份旅游包餐共 9 菜 1 汤,另加米饭,适用于春夏之交,其订餐标准为 300 元/桌/10 人。下面是其特色简介。

(1)从结构上看,作为便宴式旅游包餐,这套菜品没有固定的模式,没有繁杂的仪程,座位不分主次,上菜不讲顺序,各式菜肴可同时上桌,简便大方。

(2)从原料构成上看,这份桌菜合理使用了江鲜、畜肉、禽肉、蛋类、蔬菜及主食,特别是淡水鱼鲜和蔬菜,既突现了地方特产,又兼顾了节令。

(3)从制作方法上看,它集蒸、拌、烧、煨、炒、焖等技法于一体,因料而异;所有的烹法皆简便实用,适合于批量烹制、集中开席。

(4)从菜品感官评价上看,这份桌菜的 10 道菜肴兼顾了色、质、味、形的合理搭配。如菜肴的口味,有咸鲜、红油、酱香、酸甜、咸香 5 种;菜品的质地、色泽、外形等更是一菜一格,各不相同。

(5)从营养配伍的角度上看,其最大特色是高蛋白、低脂肪的食品居于主导地位,素料、主食也占有一定比例。它注意了广泛取料、荤素结合及蛋白质互补,完全可构成一组平衡膳食。

(6)从价格构成上看,这套包餐的订餐标准为 300 元/桌/10 人,若按 10 桌计算,其产品成本为 1800 元,总毛利额为 1200 元,毛利率为 40%。虽然每桌利润较薄,但它仪程简单,就餐迅捷,占用酒店的资源有限,如有稳定的客源,其前景还是可观的。

三、荆楚风味会议餐赏鉴

会议餐,又称会议包餐、会议套餐,是指开会期间,与会成员以统一标准进行集体就餐的一种餐饮形式。其特点是事先预订、按时用餐;人数较多,规格较低;程式简短、服务迅捷。

在湖北,会议餐的设计与制作,多由餐饮接待部门完成。从表面上看,这项工作既简单又平凡,但要赢得与会成员的普遍认同,确有不少问题值得探究。因为,会议包餐既不同于正规宴会,又有别于零餐点菜。它的接待规格不高,餐饮利润较少，难以引起足够的重视；与会成员人多面广，就餐要求相对较多，难以逐一得到满足；特别是周期较长的大型会议，顾客在同一餐厅多次就餐，多少有些厌倦情绪，稍有不慎，便会产生这样或那样的矛盾。因此，设计与制作会议包餐一定要持严谨的态度，采用合理的排调方法，认真对待每一菜点。

确定会议餐的菜品，首先要明确就餐者的具体情况，尊重与会宾客的合理需求。只有在明确了就餐人数、包餐规格、接待方式、用餐时间、宾客构成、会议周期以及订席人的具体要求后，才能据实选用相应的菜品。例如，高级别的会议包餐可配置地方名菜，而普通的会议包餐则宜使用大路菜品。再如，桌次较多的会议餐忌讳菜式的冗繁，不可多配工艺造型菜；周期较长的会议餐则应注意更新菜品花样，避免菜式单调、工艺雷同。至于与会成员的具体要求，特别是订席人指定的菜品，只要在条件允许的范围内，都应尽量安排。

照顾了会议主办方的具体要求后，接着应根据会议包餐的接待标准确立菜品的取向。通常情况下，可将餐厅所能供应的菜品分为三类：一类是节令性较强的时令菜、知名度较大的流行菜以及本餐厅的特色菜和创新菜；一类是饮酒佐饭两相宜的各式常供菜点；再一类是规格较高、专供赏鉴的宴饮菜。选配菜品时，应视第一类菜点为调配重点，优先考虑；视第二类菜点为会议包餐的主流菜品，灵活安排；第三类菜点一般不作考虑。

值得注意的是，大部分会议餐的会议性质以工作研讨为多，主办方既要考虑会议成本，又不想让会议餐过于寒碜。因此，会议接待部门需以最小的成本，取得最佳效果。首先，原料的品种要多样化，力求丰富菜式品种；其次，风味特色菜品为主，地方乡土菜品为辅；再次，多用造价低廉又能烘托席面的"高利润"菜品，能给人丰盛之感；最后，适当安排主厨拿手的特色菜品，提高会议餐的级别。

每一餐厅都有自己的优势，当然也有各自的缺憾。选菜时，要尽可能地发挥本店之专长，以确保所选的菜品能有效供应。①凡因供求关系、采购和运输条件等影响原料供应的菜品，不宜选用。②凡原料受法律、法规限制或在加工、运输、贮藏等环节存有卫生问题的菜品,更应坚决杜绝。③受炉灶设施或餐饮器具限制的菜品,不能安排。④奇异而陌生的菜肴或工序复杂的工艺大菜,切忌冒险承制。⑤平时销量较小的菜品要慎重考虑。

菜单设计作为会务接待的一项重要内容,必须引起管理层的高度重视。设计会议包餐菜单必须兼顾好菜品冷热、荤素、咸甜、浓淡、干稀的搭配关系,特别是原料的调配、色泽的变换、技法的区别、味型的层次和质感的差异。只有合理调排,灵活多变,才能显现出会议餐的生机和活力,才能给与会成员以新颖、快畅的观感。

承办周期较长的会议餐,除了菜与菜之间应注意"翻新花样,避免雷同"之外,不同餐次之间也应安排合理。通常情况下,会议起始日和结束日的菜品规格应高,其他时间菜品的规格可相对较低;同一天里,早餐的菜品规格最低,午餐的菜品相对简单,晚餐的菜品比较丰盛。这种"应时而异"的排菜手法在会议餐的设计与制作中经常使用。

会议餐是否受人欢迎,一要看菜品的特色与质量,二要看就餐的环境与设施,三要看服务的仪程与规格,四要看价格是否合理。究其根本,还是菜品的质量与价格因素最重要。所以,在会议餐的制作过程中,应特别注重务本求实、灵活变通。

务本求实,是承制会议餐时最应遵循的一条重要规则。由于会议餐的主要特征是人多面广、简易就餐,餐饮接待部门用有限的会议餐费,去迎合众多的宾客,不能不注重其食用性,因此,无论是原料的择用与组配、菜品的烹制与调理,都应强调以食用性为中心。如果在菜品中偷工减料、胡乱组配、违规烹制或者敷衍了事,最终受损的是酒店的声誉。

灵活变通,指会议餐的制作要因人、因时、因价、因料、因菜而变,切忌墨守成规。①普通菜品的烹制方法并非金科玉律。凡订席人提出的要求,只要行得通,完全可以尝试着迎合对方。特别是招待食俗不同的与会宾客,因人制菜非常必要。②会议餐的制作除应选择应时当令的原料外,还需按照节令的变化调配口味。③调制规格较低的会议餐,除选用大众化菜品外,每份菜肴还可改变主配料间的搭配关系。如梅菜扣肉,用价格低廉的素料作主料,其佐餐的效果说不定更好。④对于名菜名点,其原料构成、烹调方法及成菜特色务必保持"正宗",但每份菜品的分量及装盘方式仍可作适当调整。

例1,武汉东湖碧波宾馆一周会议餐菜单(2011年5月)。

时间	餐别	菜品
周一	早餐	湖北风味自助餐
	午餐	粉蒸排骨、泡椒鳝鱼、蒜苗鱿鱼须、回锅牛肚、黄焖鸡翅、糖醋藕带、炒莴苣叶、鱼头豆腐汤、精白米饭
	晚餐	凉拌毛豆、虾籽蹄筋、水煮牛肉、香酥鸭方、马鞍鱼乔、酥炸藕夹、口蘑菜心、瓦罐鸡汤、三鲜炒饭
周二	早餐	湖北风味自助餐
	午餐	豆瓣鲫鱼、青椒牛柳、荆沙鱼糕、菜心奎圆、豆瓣茄子、韭黄鸡丝、虾米冬瓜汤、葱油酥饼、米饭
	晚餐	卤味双拼、煎糍粑鱼、回锅口条、孜然鹌鹑、珍珠米丸、三鲜锅巴、炒竹叶菜、萝卜老鸭汤、米饭
周三	早餐	湖北风味自助餐
	午餐	蚝油牛柳、江城酱板鸭、梅菜扣肉、虾米蒸鸡蛋、肉末冬瓜、豉椒石鸡腿、蒜茸苋菜、奶汤鲫鱼、米饭
	晚餐	蒜泥芸豆、麻仁鸡翅、韭黄炒鸡蛋、红烧鲇鱼、虎皮青椒、黄焖牛筋、冬瓜排骨汤、五彩蛋糕、腊肉豆丝
周四	早餐	湖北风味自助餐
	午餐	椒麻肚丝、皮蛋拌豆腐、粉蒸鲇鱼、芹菜牛肉丝、黄焖野鸭、糖醋排骨、清炒豆角、双元粉丝汤、三鲜豆皮、白米饭
	晚餐	凉拌苦瓜、椒盐竹节虾、清蒸樊鳊、芋头烧牛脯、肉末蒸蛋、油焖双冬、炒萝卜缨、红枣乌鸡汤、双色蛋糕、三鲜水饺

续表

时间	餐别	菜品
周五	早餐	湖北风味自助餐
	午餐	蒜苗牛肉丝、香干回锅肉、莴苣焖仔鸭、干锅鱿鱼仔、炒滑藕片、蒜茸四季豆、沙湖咸鸭蛋、萝卜牛骨汤、白米饭
	晚餐	皮蛋拌豆腐、葱爆肚仁、红烧鲴鱼、香酥全鸡、虎皮蹄髈、水煮鳝片、蒜茸苋菜、腊蹄煨藕汤、手工面条
周六	早餐	湖北风味自助餐
	午餐	油爆腰花、贵妃凤翅、干烹带鱼、油焖双冬、家常牛蛙腿、清炒白菜秧、甲鱼冬瓜汤、红薯米饭
	晚餐	川味凤爪、三鲜蹄筋、红烧青鱼尾、油焖大虾、铁板海鲜、香炸茄夹、鸡汁菜胆、炒滑藕带、花菇乳鸽汤、砂钵蒸饭

例2，醉江月度假村五天会议餐菜单（2009年5月）。

星期一　早餐（自助餐）：空心麻丸、鸡冠饺子、煎软饼、咸鸭蛋、桂林米粉、四川泡菜、绿豆稀饭；午餐：虾籽蹄筋、泡椒鳝鱼、菜心奎圆、回锅肚片、酸辣藕带、鱼头豆腐汤；晚餐：凉拌毛豆、粉蒸排骨、水煮牛肉、香酥鸭方、马鞍鱼乔、酥炸藕夹、口蘑菜心、瓦罐鸡汤。

星期二　早餐（自助餐）：肉末花卷、红枣发糕、煎鸡蛋、热干面、绿豆汤、老锦春酱菜、桂花糊米酒；中餐：豆瓣鲫鱼、青椒牛柳、腰果鸡丁、荆沙鱼糕、豆瓣茄子、虾米冬瓜汤；晚餐：卤味双拼、煎糍粑鱼、回锅口条、孜然鹌鹑、珍珠米丸、三鲜锅巴、炒竹叶菜、萝卜老鸭汤。

星期三　早餐（自助餐）：五彩蛋糕、烧梅、酱肉包子、卤鸡蛋、葱油花卷、牛奶、红豆稀饭；中餐：蚝油牛柳、江城酱板鸭、肉末烧冬瓜、梅菜扣肉、清炒丝瓜、奶汤鲫鱼；晚餐：蒜泥芸豆、麻仁鸡翅、韭黄炒鸡蛋、红烧鲇鱼、虎皮青椒、黄焖牛筋、冬瓜排骨汤。

星期四　早餐(自助餐):双色蛋糕、三鲜豆皮、金银馒头、米发糕、黄金饼、牛肉粉、豆浆;中餐:椒麻肚丝、粉蒸鲇鱼、千张肉丝、糖醋排骨、清炒豆角、红枣乌鸡汤;晚餐:凉拌苦瓜、椒盐竹节虾、黄焖野鸭、清蒸樊鳊、芋头烧牛脯、肉末蒸蛋、香菇菜心、双元粉丝汤。

星期五　早餐(自助餐):四季美小包、香煎软饼、咸鸭蛋、三鲜面、泡菜萝卜、香油榨菜、白米稀饭;中餐:油爆腰花、贵妃凤翅、干烹带鱼、植蔬四宝、家常牛蛙腿、甲鱼冬瓜汤;晚餐:皮蛋拌豆腐、葱爆肚仁、红烧鲴鱼、香酥全鸡、虎皮蹄髈、水煮鳝片、蒜茸苋菜、花菇乳鸽汤。

第五章　荆楚风味著名筵席设计探析

荆楚风味著名筵席,是指荆楚风味筵宴中影响力强、传播面广、知名度高的一类风味筵宴。此类筵席是荆楚风味筵席的典型代表,现遴选出荆楚风味全鱼席、湖北三国文化宴、鄂东文化主题宴、湖北三蒸九扣席和荆楚风味素菜席5种,逐一进行研讨。希望通过对这些特色筵宴的介绍,促进地区餐饮业,打造鄂式筵席品牌,充实荆楚饮食文化内涵。

第一节　荆楚风味全鱼席设计探析

湖北省号称"千湖之省""鱼米之乡",淡水资源十分丰富,鱼鲜筵宴闻名遐迩。湖北全鱼席,是指流行于湖北及周边地区,以荆楚特色饮食为旗帜,以淡水鱼鲜菜品为主体的一类风味筵席,如荆沙鱼鲜宴、江陵鳝鱼席、楚乡全鱼席等。此类筵宴水乡特色鲜明、烹制技法规整、鱼馔精品荟萃、宴饮情趣雅致,素以精纯、严谨、齐整、高雅而著称。

一、荆楚风味全鱼席的类别

根据筵席所用食材的不同,荆楚风味全鱼席可分为单料全鱼席、多料全鱼席和拓展全鱼席3种。

单料全鱼席是指以一种淡水鱼鲜为主料而制成的整桌筵宴。此类筵席的主要食材只取用同一款鱼鲜,在菜品品质的掌控及筵席营养的组配等方面要求苛严,一般的酒店难以贸然供应。现今流行于市场的单料全鱼席,通常是筵席的主菜选择同一种鱼鲜,而冷碟、点心、主食及水果等则是灵活变通。例如汉口老大兴园的鮰鱼宴,它用料专一,技法规整,调排考究,特色鲜明,深受社会各界的好评。

多料全鱼席是指由多种淡水鱼菜组配而成的整桌筵席。此类筵席由众多的鱼馔精品汇聚而成,其主要食材是各式淡水鱼鲜。例如楚乡全鱼大宴,它以湖北著名的淡水鱼菜为主体,精品荟萃,组配协调,鱼米之乡的饮膳特色十分鲜明。

拓展全鱼席是指筵席的主要菜式由各类淡水鱼鲜(含淡水鱼类、虾蟹类、两栖类等水产品)菜品所构成,冷菜、部分热菜、点心、主食等可灵活选用其他食材的各种鱼鲜宴。此类筵席虽然不是严格意义上的"全席",但其食材更宽泛,组配更自由,既可让食客领略鱼宴精髓,评品鱼鲜精品,又不受"全席"的苛刻条件所制约。例如大中华酒楼的全鱼席,大方得体,灵活自由,更受宾客的好评。

二、荆楚风味全鱼席的设计要求

(一)体现全鱼宴席的主要特征

全鱼宴席是我国众多风味筵宴的一种表现形式,其主要特征有二:一是与普通筵席一样,具有聚餐式的形式、规格化的内容和社交性的作用这三大基本特征。二是具有全席"用料精专、技法规整、风味谐调、情趣盎然"的共有特色。设计与制作荆楚风味全鱼席,必须确保同时具备这两大特征。单料全鱼席必须名副其实,力争以专一取胜;多料全鱼席应以广博见长,尽可能做到体系完整;拓展全鱼席更应突出地方风味,注重工艺创新,努力迎合时代新风尚。

(二)凸显荆楚筵宴的风味特色

荆楚风味筵席,是指按照荆楚民众的聚餐方式、燕饮礼仪和审美观念精心编排和制作的以鄂菜为主体的成套菜点。其主要特色是:筵席多由湖北地方菜点所构成,鱼鲜菜式所占比重较大;注重广收博取,兼容百家之长;受楚文化的影响较深,富于鱼米之乡的饮馔风情。设计与制作此类筵席,必须突出"荆楚风味"这一主题。无论是规划设计思想、编制筵席菜单、制作筵宴菜点,还是布置筵宴环境、确立接待礼仪,都须以荆楚风味为旗帜。

(三)遵循筵席设计的基本原则

筵席是菜品的组合艺术,其基本的设计原则必须认真遵循。第一,必须充分考虑宾主的需求、餐室的条件、加工材料的供应情况以及厨务人员的技术水平。只有知己知彼,量力而行,才能应客所需,不至失礼误事。第二,必须明晰筵宴的规格水准,根据接待标准确定菜品数目、食材规格、工艺难易、设施环境及服务礼仪,尽可能做到"质价相称""价实相符"。第三,全鱼筵席的原料选用、口味调理、质地调配、色形映衬、品种衔接、干稀配合之类都需适应节令的变化,体现"席贵多变"的要求。第四,要特别注意整桌菜点的膳食结构是否合理,营养构成是否平衡。由于全鱼筵席的主要用料相对单一,因此,辅佐材料的选用必须非常合理,主食点心的配置更不可忽视。

(四)符合创新设计的具体要求

随着时代的发展与进步,人们的饮食观念更趋理性与实际。特别是在全国上下倡导餐饮节约、遏止奢华浪费的大背景下,设计与制作全鱼宴席绝不能崇尚虚华,更不能贪多求大。只有务本求实,注重创新,切合时代潮流,展现文化气质,提供优雅的进餐环境,辅以周全的服务礼仪,使筵席朝着清新、典雅、简约、实用的方向发展,才能在设计思想、席面调排、肴馔制作和接待礼仪上实现质的飞跃,才能更好地迎合餐饮市场,服务广大民众。

三、设计荆楚风味全鱼席的注意事项

设计荆楚风味全鱼席,在遵循上述设计原则的基础上,尤其要处理好菜品数量的多与少、原料选用的专与博以及筵席规格的高与低的关系。

在菜品数量的安排上应以"合理、适度"为原则。鱼菜太少,席面显得单薄,反映不出"全"的特征;鱼菜太多,食材繁杂,加工困难,成本高昂,浪费现象严重。所以,时尚雅致的全鱼席应特色鲜明,务本求实,绝不能像全羊席那样,动辄"72 款"或"108 品",其菜品的数量一般应控制在 16 道左右。

在原料的选用上要处理好专与博的关系。食材太过单一,则筵席菜品难以排调;食材过博,则会造成芜杂乏序。所以,合理的方法应是专博结合。主料之专,要求做到物尽其用,充分展示其天生丽质;辅料之博,尽可能烘云托月,从多个方位、多个角度弥补、映衬主料。单料全鱼席要在制作工艺上下足功夫,多料全鱼席在菜品调配上展现特色。

在筵席档次的确立上应以接待标准为准绳,尽可能遵循"按质论价、优质优价"的调配原则。高档全鱼席可选用相当数量的名贵鱼馔,突出菜品的制作工艺;普通的全鱼席只能以乡土鱼菜为主体,以名特鱼鲜为辅助,只有两者相互依存,彼此兼顾,才能彰显此类筵宴的风味特色。

四、湖北著名鱼鲜筵席设计探析

例 1,汉口老大兴园鮰鱼宴。

汉口老大兴园创建于清道光十八年(1838 年),是一家经营鄂菜的"中华老字号",曾以红烧鮰鱼、粉蒸鮰鱼等名菜享誉武汉 150 余年。该店第四代"鮰鱼大王"孙昌弼艺术功底精深,创新思维缜密,在传承前辈技艺的基础上,曾先后推出了奶汤氽鮰鱼、鸡粥鮰鱼肚等 30 余道创新鮰鱼菜,研制出一系列极具地方特色的荆楚风味鮰鱼宴。

下面是孙昌弼大师设计与制作的一款以"长江浪阔鮰鱼美"为主题的鮰鱼宴,曾在第十四届中国厨师节上荣获最高奖项。

冷菜:春令竹影动　　　　盛夏幽兰香

　　　金秋傲菊放　　　　寒冬腊梅开

头菜:鸡粥鮰鱼肚

热菜:珍珠扒鮰鱼　　　　五彩鮰鱼丝

　　　荆沙鮰鱼糕　　　　粉蒸石首鮰

荆楚风味筵席设计

    红烧鮰鱼块   鮰鱼素三珍
汤菜:奶汤鮰鱼丸
主食:鸡汁鮰鱼饺   鮰鱼阴米粥
水果:长江时果拼

  创意说明:本宴头菜、热菜、座汤及主食全都以鮰鱼为主料,精纯雅致。鮰鱼又名鮠鱼、江团、肥王鱼,是长江的三大水产珍品之一。其肉质细嫩,滋味鲜美,适于蒸、烧、焖、煮、氽、烩等多种技法。宋代文豪苏东坡曾赞颂曰:"粉红石首仍无骨,雪白河豚不药人";明太祖朱元璋一直将湖北石首的"笔架鮰鱼肚"列为宫廷的贡品。本筵席设计创意主要体现在菜品的选用与菜式的调排两方面。

  在菜品的选用上,本筵席的鮰鱼菜式以荆楚风味名肴为主体,制作技法规整,特色风味显著。例如筵席大菜红烧鮰鱼块,它晶亮润泽,柔嫩滑爽,汁浓味醇,鲜香适口,作为老大兴园的"金字招牌",曾吸引一批批慕名而来的中外食客。又如头菜鸡粥鮰鱼肚,系以湖北特产的"笔架鮰鱼肚"为主料,配以鸡脯肉蓉、鸡清汤等烩制而成,工艺精湛,品质上乘。再如汤菜奶汤鮰鱼丸,汤汁浓酽似奶,鱼丸晶莹滑润。现代诗人碧野尝过之后,曾作诗著文赞誉"长江浪阔鮰鱼美!"

  在菜式的调排上,它按湖北筵宴的菜式结构排列,简约大方,朴实自然;既遵循了"按质论价"的调配原则,又满足了创新求变的设计要求。设计出的筵宴既具主料之专,又兼配料之博,主配调料相辅依存,菜肴点心组配得体。上菜时,头菜鸡粥鮰鱼肚位列餐台正中,珍珠扒鮰鱼、红烧鮰鱼块、奶汤鮰鱼丸、鸡汁鮰鱼饺等菜点环列四周,辅以"竹影""幽兰""傲菊""腊梅"等象形冷盘,如同一幅"泛舟长江"的优美画卷。

  例2,武汉大中华酒楼全鱼席。

  成立于1930年的武汉市大中华酒楼,是一家以经营淡水鱼鲜为主的"中华老字号",曾因毛泽东主席的诗词"才饮长沙水,又食武昌鱼"而名扬海内外。在鄂菜旗手卢永良、余明社等主理下,该店能经营400余种淡水鱼鲜菜,组配成多款全国闻名的鱼鲜宴。下面是该酒楼的一款经典全鱼席菜单。

主盘:金鱼戏莲　　四味围碟

头菜:鸽蛋裙边

热荤:油爆鳝花　　韭黄鱼丝

　　粉蒸石鸡　　莲菱鱼饼

　　红烧鮰鱼　　财鱼焖藕

　　清蒸樊鳊　　珊瑚鳜鱼

座汤:虫草金龟

主食:云梦鱼面　　蟹黄鱼饺

果拼:吉庆有余

创意说明:本宴是一款拓展全鱼席,其主要菜式均由产自湖北的著名淡水鱼鲜所制成,而冷菜、点心、主食和水果等则是按照全鱼席的设计要求灵活自由地配置。与其他筵宴相比较,本席的最大特色是食材精纯,名馔荟萃,楚乡饮馔特色鲜明;组配合理,简约大方,符合创新设计之理念。

在原料的构成方面,本筵席使用了多种著名的淡水鱼鲜,如鄂州樊口的武昌鱼、荆沙的金龟、荆南的甲鱼(裙边)、石首的鮰鱼、咸宁的石鸡、沙市的财鱼、天门的鳜鱼等,全系湖北的地方特产,品质优良。

在菜品的选用方面,本席的清蒸樊鳊、鸽蛋裙边、虫草金龟、云梦鱼面、珊瑚鳜鱼、红烧鮰鱼、财鱼焖藕、油爆鳝花、粉蒸石鸡等都系著名鱼鲜菜式,能让顾客真切地领略全鱼宴之精髓,体会到湖北鱼菜为何"冠绝天下"。

在菜式的组配方面,本筵席的菜品总数15道,其中的淡水鱼鲜菜式达12道,主题突出。它在筵宴的创新求变方面做了不少努力,既注重菜品之间色、质、味、形的巧妙搭配,更强调构建简约大方的筵宴格局。

在营养的构成方面,本筵席的最大特色是富含高蛋白、低脂肪的鱼鲜菜式居于主导地位,冷碟、主食、果拼及酒水等亦占有相当的比例。这种主副食的合理搭配,符合当今的餐饮潮流,属于组配合理的平衡膳食。

在宴饮的艺术风格方面,本筵席的所有菜品风味鲜明,符合审美品鉴标准,再辅以江南水乡美景以及完备的接待礼仪,便做到了"美食、美境与美趣的和谐统一"。

总之,荆楚风味全鱼席,作为荆楚风味筵席的典型代表,既有一般筵宴的共性,又有情趣高雅的个性。设计与制作此类鱼鲜宴,必须以荆楚特色风味为旗帜,提供优雅的进餐环境,辅以周全的服务礼仪,使顾客在评品美味佳肴的同时,陶冶情操,娱乐身心,达到"酒食所以合欢也"的目的。

第二节 湖北三国文化宴设计探析

纵观中国历史,三国时期是一个英雄辈出、精彩纷呈的特殊时代,为后世演绎出了精妙绝伦的三国文化。正是由于三国文化的传承与影响,湖北的三国文化菜、三国文化宴及三国饮食文化才得以产生和发展。

一、湖北三国文化宴的设计依据

湖北三国文化宴,是一类以三国历史事件为背景,以三国文化为主题,以三国文化菜品为组成元素的主题文化宴。湖北三国文化宴是荆楚风味筵席的重要组成部分,是三国饮食文化的积累和总汇。积淀深厚的三国文化、特色鲜明的荆楚饮食、丰姿各异的三国菜点,是其筵宴设计的重要依据。

(一)积淀深厚的三国文化

地处华中水陆枢纽的湖北省,是三国豪杰斗智争勇的主要舞台。三国时期所涉及的许多重大历史事件,如三顾茅庐、隆中献策、舌战群儒、赤壁之战、借荆州、战当阳、失荆州、走麦城以及夷陵之战等,都发生在这里。传承至今的鄂州吴王城、赤壁古战场、荆州三国遗址、当阳关帝陵、襄樊古城墙以及古隆中等文物建筑群都是三国历史的重要见证。湖北作为中国三国文化之乡、中国三国文化的重要研究基地,其有形和无形的三国文化资源已是当地民众无比珍贵的物质财富和精神财富。

(二)特色鲜明的荆楚饮食

湖北三国文化宴的产生与发展,离不开荆楚风味饮食这一母体与根基。与其他地方风味饮食相比较,荆楚饮食在食物原料方面,拥有丰富的淡水资源和山野资源;在制作工艺方面,注重运用蒸、煨、烧、炸、炒等技法,习惯于鸡鸭鱼肉蛋奶蔬果粮豆合烹;在特色风味方面,菜肴汁浓芡亮,鲜咸微辣,兼容百家之长,深受四方人士喜爱。正是由于荆楚风味饮食的哺育与滋润,湖北三国文化宴才能得以成长与壮大,才能以富于鱼米之乡风情而著称。

(三)丰姿各异的三国菜点

自20世纪80年代中期开始,随着三国文化研究的逐步深入,湖北餐饮界融三国文化资源与当地饮膳风情于一体,以三国著名历史故事及三国文物资料为背景,研制出一大批风格各异的"三国文化菜",诸如"桃园结义""龙凤配""隆中献策""火烧赤壁""草船借箭""子龙脱袍""将军过桥""舌战群儒"等。它们是湖北三国文化宴的重要组成元素。例如荆州名菜"龙凤配",源自"吴国太佛寺看新郎,刘皇叔洞房续佳偶"这一历史佳话。它以鱼寓"龙",暗指蜀主刘备;以鸡寓凤,暗指夫人孙尚香。鱼、鸡相配,象征着吉祥如意。

二、湖北三国文化宴的设计要求

筵席不是菜点的简单拼凑,而是一系列食品的艺术组合。湖北三国文化宴,作为荆楚风味筵宴的一种重要表现形式,其筵席设计主要包含文化主题设计、三国菜品设计、筵席菜单设计、餐饮服务设计及宴饮环境设计等5个方面。具体要求如下。

(一)文化主题设计

湖北三国文化宴,作为主题文化宴的一种表现形式,特别注重主题的单一性和风格的差异性,要求筵席的主题个性鲜明,自身的风格独特显著。设计与制作此类筵宴时,首先应基于湖北地区三国文化底蕴深厚这一特色,紧扣三国人文活动这一中心。主题专一而且鲜明,筵宴的品牌价值方能得以体现。其次是突显荆楚饮膳的独特风韵,使湖北的三国宴在个性方面有别于四川、河南、安徽、江苏等地的三国宴,真正做到人无我有,人有我优,人优我特,人特我全。最后,筵席文化主题一经确立,其菜单设计、菜点制作、场景布置、程式安排等,都要围绕三国文化主题而展开,决不能重菜名而轻食用,给人以华而不实之感。

(二)三国菜品设计

菜品是筵席的构成元素。设计与制作三国文化菜,第一应着重考虑三国菜品的食用功能,将食用性(安全卫生、富于营养、感官品质良好)列为三国菜品品质鉴定的最高标准。第二,要紧扣菜品与文化的内在联系,寓三国文化于菜品之中,陶冶顾客情操,愉悦顾客身心。第三,要兼顾荆楚地区的食物资源、制作技法、饮膳特色和饮食习尚,结合餐饮企业的设施条件、技术水平和用餐标准,注重务本求实。第四,要熟悉所选原料的营养特色,注重食材的合理组配与烹调,使设计出的三国菜品营养合理、绿色环保、健康美味。第五,讲究清鲜淡雅,追求高尚雅致,简化操作程序,降低生产成本,以适应广大的荆楚民众。

(三)筵宴菜单设计

设计湖北三国文化宴,还必须遵循菜单设计原则。第一,明确筵席设计主题,突现三国文化特色。第二,充分考虑市场需求,努力展现荆楚饮膳风情。第三,明晰餐厅生产加工条件、原材料供应状况以及厨务人员技术水平,量力而行。第四,根据筵宴的接待标准,合理掌控菜品规格,力争取得最好的效益。第五,重视菜品之间的合理搭配,体现"席贵多变"的设计原则。第六,菜品的立意和命名必须与三国主题文化相关联,通过拟形、设色、用料、选器等贴合三国典故传说,烘托筵宴气氛。

(四)餐饮服务设计

三国文化宴的餐饮服务设计,应在尊重三国历史、兼顾荆楚食俗的前提下,努力做好服务设计、礼仪设计、音乐设计、服装设计及解说词设计等工作。在服务设计上,既要符合一般宴会的服务程式,又要烘托三国文化这一主题;在礼仪设计上,要尊重三国历史文化,反映湖北饮食民俗要求;在音乐设计方面,要选择与三国文化相吻合的主题音乐,如电视剧《三国演义》主题歌,用以提升整个宴会的主题文化品位,营造和烘托三国文化气氛。此外,在服装设计方面,要使服务生服饰符合三国历史文化和民俗要求;在解说词的设计方面,要借助菜品的选题、立意、命名、选料、设色、造型、烹制或装饰来描述三国历史文化。

(五)宴饮环境设计

为突出宴饮氛围,提升筵宴格调,设计与制作三国文化宴时,应强化筵宴环境装饰,让三国筵宴在特定的自然环境中举办,使其具有浓郁的民族气质和三国文化色彩。承办者可结合当地三国文物古迹,营造三国文化餐厅(如孔明厅、关公厅),适当点缀字画(三国英雄画像)、器物(三国兵器)、用具等,辅以美观实用的筵席台面,适时穿插一些与三国文化相关的文艺表演,让顾客在品评美食的同时,深入了解灿烂的三国历史文化,感受历史的风云变幻和争战的惊心动魄。

三、设计三国文化宴应注意的问题

湖北三国文化宴虽然文化底蕴深厚,地方特色鲜明,传播面广,影响力强,但与周边省市迅猛发展的同类筵席相比较,其不足之处也很突出。对照主题文化宴的设计要求,必须注意如下主要问题。

(一)宴会主题偏离原创性

近些年来,随着餐旅业的蓬勃发展,以三国文化宴为代表的主题文化宴备受青睐。可有些地区的餐饮企业,从不考虑筵宴主题文化的原创性,在逐利思潮的影响下,一味地抄袭别人的现成模式,设计出的三国文化宴既偏离了"专一而且鲜明"的文化主题,又缺乏"浓郁而且独特"的饮膳特色,给人不伦不类之感。

(二)菜品设计忽视食用性

三国文化宴的菜品设计必须以食用功能为前提,菜品名称与实物之间必须具有某种内在的关联性,决不能为了菜名悦耳或是外形美观而忽视了产品的口味和质感,更不能为了菜品的外在感官品质而不顾营养与卫生。例如襄阳某酒店设计的三国菜品"将军过桥",竟将南瓜雕刻成"将军",用午餐肉、大头菜等拼制成"桥",既无特色风味可言,又不符合营养卫生要求,矫揉造作,贻笑大方。

(三)筵宴布局脱离地方性

三国文化宴虽以三国文化为主题,由三国菜品所构成,但其地方饮膳特色必须鲜明,自身个性必须突出。例如湖北荆州设计的三国宴,就应有别于成都三国宴、许昌三国宴,其原料选用、菜品排列、筵宴制作、接待服务等都应突现荆南本地特色,体现地方饮膳风情。笔者曾见荆州厨师用红扒乌参来制作"卧龙出山",舍江鲜而取海鲜,弃本地擅长的技法而去仿效别人,无论是立意、选材或是烹制,都与荆楚饮膳特色格格不入。

(四)筵宴营销缺乏竞争性

经营三国文化宴,只有务本求实,注重创新,使筵席朝着简约、实用、清新、典雅的方向发展,才能提升筵宴的竞争实力,更好地迎合餐饮市场。可湖北少数酒店不考察市场行情,不顾及顾客的消费实力,一味地贪多求大,崇尚奢华,设计出的三国宴动辄排菜二十余款,成本高昂,浪费惊人,给人一种无可奈何的厌烦之感。

四、湖北三国文化宴案例分析

历经30余年的成长与壮大,现今的湖北三国文化宴已自成体系。其中,声名显赫者有襄樊的古隆中三国宴、黄州的赤壁三国文化宴、武汉的荆楚风味三国宴、宜昌的夷陵三国文化宴以及荆州的水乡风情三国宴等。

下面是流行于襄郧地区的古隆中三国文化宴,可供赏析。

第五章 荆楚风味著名筵席设计探析

类别	序号	菜品名称	三国菜品设计	三国历史文化
冷菜	1	群英荟萃	由襄樊缠蹄、武当猴头、清江熏鱼、椒麻牛肚、姜汁木耳、蜜汁甜枣等襄郧名馔拼成的什锦拼盘	东汉末期,群雄并起;三国群英,逐鹿中原;鄂地争战,谋略传奇
热菜	2	卧龙出山	粉蒸盘龙鳝,饰以古隆中花菇、草菇和猴头菇制成的山林	人间卧龙诸葛亮,隆中谋对策,出山辅蜀主
热菜	3	神机妙算	取襄郧地方名产三黄鸡蒸至熟透,辅以青蒜、香菇等制成	诸葛亮才智过人,空城计、借东风等是其杰作
热菜	4	将军过桥	财鱼寓将军;财鱼片、财鱼汤二吃,寓意"将军过桥"	赵子龙于长坂坡单骑救主,纵马过桥,忠勇两全
热菜	5	舌战群儒	卤鸭舌寓"孔明舌",鱼丁、虾仁、鲜贝等寓意"群儒"	诸葛亮前往江夏(东吴)游说诸儒,力举孙刘联合抗曹
热菜	6	草船借箭	竹排盛载酥炸清江白鱼,插上火腿制成的竹签作箭	孙刘联军借长江大雾,以草船佯攻曹军,巧取10万支箭
热菜	7	火烧赤壁	铁板烧挂炉烤鸭,以烤鸭寓赤壁,以铁板烧烟雾烘托气氛	孙刘联军于赤壁火攻曹军,取得以少胜多的辉煌战绩
热菜	8	三足鼎立	三足铜鼎盛装卤蹄花、烤牛掌、炙羊足,借指魏、蜀、吴	赤壁之战,曹军大败,退回中原。魏、蜀、吴形成鼎立局面
汤菜	9	祥龙配凤	古隆中半月溪甲鱼炖母鸡,甲鱼寓意为龙,母鸡寓意为凤	周瑜设美人计欲取荆州,诸葛亮妙促刘备弄假成真
点心	10	天下一统	取香菇、酱肉、火腿、虾仁及香干,包以酵面,蒸制而成	天分久必合,魏、蜀、吴三国统一归晋,天下自此太平

创意说明:本席最大特色是宴饮主题突出,地方特色鲜明,清新雅致,简约大方。

在主题规划方面,筵席设计者将地道的襄郧风味菜品融入三国历史故事及饮食趣闻之中,使历史、文化与美食相互交融,让游览古隆中的旅客在评品襄郧美食的同时,感受三国历史文化。

在原料选用方面,本席之食材以淡水鱼鲜和山野资源为主体,如清江的白鱼、汉江的盘龙鳝、半月溪的甲鱼、房县的木耳和花菇、武当山的猴头菇、襄阳的三黄鸡、郧阳的黄牛等,多为襄樊本地的名特物产,物美价廉。

在菜品设计方面,本席之肴馔以襄樊缠蹄、蜜汁甜枣、粉蒸盘龙鳝、酥炸清江白鱼、甲鱼炖母鸡、什锦酱肉包等地方名品为基础,运用蒸、炖、焖、烧、煮、拌等烹调技法创制而成,构思缜密,富有新意。

在菜式组配方面,全席菜品仅10道,细分为冷菜、热菜(含汤菜)和点心3大类,主次分明,重点突出,简约大方,组配完美,充分体现了"席贵多变"的设计要求。

在宴饮接待方面,本筵席在确保菜品风味品质、营造宴饮就餐氛围的基础上,力图做到美食、美境与美趣和谐统一。本席面曾在襄樊市的隆中酒楼、卧龙饭店、醉仙居宾馆等知名餐饮企业上市供应,取得了良好的经济效益与社会影响。

总之,只有紧扣三国文化主题,充分展现荆楚饮膳特色,遵循筵宴设计的相关规则,才有可能切合餐饮潮流,展现文化气质,打造出富有创意的三国文化宴,弘扬荆楚饮食文化,服务湖北地方经济。

第三节　鄂东文化主题宴设计探析

湖北黄冈市位于鄂东长江北岸、大别山的南麓,下辖黄州区及麻城市、蕲春县等9县市,建城历史长达两千余年。境内山清水秀、人文荟萃,是一座人才辈出、民风纯朴的历史文化古城。这里既传承着五祖寺佛家禅宗文化、程颢程颐理学文化、苏东坡赤壁文化、李时珍医药养生文化、大别山山乡风情文化,又孕育了极具鄂东饮馔风情的湖北黄冈饮食文化,繁衍出不同类别的文化主题宴。

文化主题宴,是指凸显文化活动主题、注重宴饮聚餐风格的一类特色风味筵宴。这类筵席通常是根据消费需求、地方物产、人文风貌、历史渊源及饮食习俗等因素,选定某一文化主题作为筵饮活动的中心内容,然后根据文化主题收集素材,依照主题特色去设计与制作筵席,借以吸引公众关注,提升筵宴的社会影响力。

鄂东黄冈文化主题宴,是指流行于湖北黄冈及周边地区,以文化活动为主题、以鄂东饮膳为主体的一类简约型主题风味宴,如五祖寺禅宗清素宴、东坡美食文化宴、楚才高升谢师宴、蕲春医药养生宴、赤壁怀古人文宴、大别山山乡风情宴等。此类筵席的文化特质鲜明,辐射到鄂、豫、皖、赣四省的相邻区域,吸引着一批批中外游客。

一、鄂东文化主题宴的主要特色

鄂东黄冈地区的文化主题宴,是鄂东地方饮食的重要组成部分,是黄冈这一历史文化古城两千余年的饮食文化积累和总汇。其主要特色表现如下。

(一)宴饮主题鲜明,文化底蕴深厚

由于特定的地理环境和历史机缘,黄冈地区拥有中国历史上众多的风流人物和人文事件,黄冈文化主题宴大多以此为活动主题。

唐代佛教高僧禅宗四祖道信、五祖弘忍著锡于黄冈之属地,开创了定居传法、农禅并修的修行方式。六祖惠能得法于黄梅东山五祖寺,推动了寺院素斋的快速发展。

宋代理学的奠基者程颢、程颐兄弟(世称"二程")出生于黄冈属地。二程所创建的"天理"学说对我国古代政治思想、社会伦理和饮食民俗产生了重要而深远的影响。

宋代文豪苏东坡被贬至黄州之后,写下了《前赤壁赋》《后赤壁赋》和《念奴娇·赤壁怀古》等千古绝唱,还留有《老饕赋》《菜羹赋》等百余篇美食诗文,极

大地促进了黄冈菜的传承与发展。

明代蕲州的李时珍历时 27 年编成药物学巨著《本草纲目》,为中医饮食保健与养生奠定了坚实基础。

清代被康熙帝嘉誉为"天下廉吏第一"的黄州知府于成龙政绩卓著,居官廉洁,为鄂东节约型餐饮的传播起到了促进作用。

20 世纪黄冈人文蔚起,光耀中华。其中,声名卓著者有国学大师熊十力、著名科学家李四光、著名经济学家王亚南、国家领导人李先念等。这诸多的文化名人及其活动传闻为黄冈文化主题宴的设计提供了丰富的素材,极大地充实了该类筵宴的文化内涵。

(二)筵宴简约大方,菜式朴实自然

鄂东黄冈地区的文化主题宴素以简约大方、朴实自然而著称。这与历代文化名人的大力倡导以及当地民风淳朴、崇尚节俭密不可分。

黄梅五祖寺的高僧们以成佛济世、普度众生为己任,清心寡欲,终生食素;宋代理学大师主张受教育者循天理,仁民而爱物,谨守道德伦常;苏东坡创制的系列菜点,全系大众化食品;明代李时珍著《本草纲目》,集中国传统医学饮食之大成,收录的药物和食材多为民间物产。鄂豫皖根据地的革命志士、黄冈本土诞生的 100 多位将军全是艰苦朴素、勤俭为民思想的倡导者和践行者。

在历代文化名人的倡导与引领下,黄冈的民众自古至今保持着崇尚朴实,厉行节约的良好习俗。他们所设计的文化主题宴,从未出现暴殄天物、奢靡浪费等怪异离奇之事。

二、鄂东文化主题宴的设计要求

作为湖北地方特色筵宴的典型代表,湖北黄冈的文化主题宴简约大方、朴实自然的个性非常突出。设计与制作此类筵席,只有紧扣文化活动主题,充分展现鄂东饮膳风情,遵循筵席设计的基本原则,符合简约型筵宴的设计要求,才有可能切合餐饮潮流,展现文化气质,打造出一大批风味独特、赋有创意的品牌筵席,弘扬荆楚饮食文化,服务湖北地方经济。

(一)紧扣文化活动主题

鄂东文化主题宴是主题宴会的表现形式之一,这类筵宴特别注重主题的单一性和风格的差异性,要求筵席主题个性鲜明,自身风格独特显著。因此,黄冈文化主题宴的设计与制作应时刻紧扣人文活动主题,无论是规划设计思想、确立宴会主题、编制筵席菜单、制作筵宴菜点,还是布置筵宴场景、安排接待仪程等都要围绕文化主题而展开,决不能重形式轻内容、重菜名轻食用,给人以牵强附会、华而不实之感。

(二)充分展现鄂东饮膳风情

鄂东风味饮食,是湖北东部各式膳饮的总称,是中国鄂菜的一项重要分支。它广取山乡土特原料,擅长加工粮豆蔬果和畜禽野味;烧炸煨烩菜式功力深厚,主副食结合的肴馔品质上乘。其菜品用油宽,火功足,鲜咸微辣,经济实惠,鄂东山乡饮膳的色彩鲜明。

(三)遵循筵席设计的基本原则

筵席是菜品的组合艺术。第一,必须充分考虑市场需求,应客所求,按需配菜。第二,必须明晰餐室的生产条件、加工材料的供应情况以及厨务人员的技术水平,量力而行。第三,必须随价配菜,力争做到"质价相称"。第四,重视菜品之间冷热干稀、高低贵贱、色质味形及膳食营养的合理搭配,适应节令变换的具体要求,体现"席贵多变"的设计原则。

(四)符合简约型筵宴的设计要求

随着时代的发展与进步,人们的饮食观念更趋理性与实际。设计黄冈文化主题宴,只有务本求实,注重创新,切合时代潮流,展现文化气质,提供优雅的进餐环境,辅以周全的服务礼仪,使筵席朝着简约、实用、清新、典雅的方向发展,才能在设计思想、席面调排、肴馔制作和接待礼仪上实现质的飞跃,才能更好地迎合餐饮市场、服务广大民众。

三、鄂东文化主题宴的菜单设计方法

设计黄冈文化主题宴,需要以黄冈本地丰富的人文资源为条件,以鄂东独特的膳食体系为基础,在严格遵循主题筵宴菜单设计原则的前提下,采用如下方法。

(一)结合黄冈地区的人文资源,确立文化活动主题

不同的地区有各自不同的地域文化和民俗特色。设计黄冈文化主题宴,首先应根据时代风尚、客源需求、人文风貌、地方习俗及饮食特色等因素,选定黄冈地区的某一文化活动作为宴会的中心内容。文化活动主题一经确定,就应围绕文化主题挖掘内涵、寻找特色、设计方案。筵席的原料选用、菜单设计、菜品制作、环境布置、服务仪程、接待礼仪等也应围绕这一中心而展开。

(二)依据鄂东饮膳风格及筵宴接待标准确定筵席构架

宴会主题、接待标准及饮膳风格是设计文化主题宴的三大核心要素。在明确了文化主题之后,接着应按筵宴接待规格及酒店毛利水准确定好整桌筵席的菜品数目及冷菜、热菜和点心水果的制作成本。再根据筵席成本及鄂东筵宴风格细分出每类菜品的具体数目及每一菜品的规格区间,形成筵席的基本构架。

(三)根据设计要求确立筵宴菜品,编制筵席菜单

黄冈文化主题宴的菜单设计,先应按照筵席的基本构架广泛收集符合设计要求的各类菜式;再确立一批具有文化背景的特色菜品、体现本地风味的地方名肴、符合节令要求的应时菜点;然后根据筵席的营养构成及菜点之间的协调关系确立全套筵席菜品;最后排列上菜顺序,编排菜单样式,形成完整的筵席菜单。

四、鄂东文化主题宴设计探析

湖北黄冈地区的文化主题宴品类繁多、特色鲜明。现从中撷取两例文化主题宴加以探析。

例1,黄冈东坡美食宴。

在中国历代文人中,苏东坡既是一位大文豪,同时也是一位美食家。宋神宗元丰二年(1079年),苏东坡因"乌台诗案"被贬至黄州长达4年零4个月,过着"无客无肴无酒无鱼无赤壁,有江有山有风有月有东坡"的放达生活,常以东坡肉、东坡鲫鱼、东坡豆腐、东坡肘子、东坡饼等菜点招待客人,并总结出"黄州好猪肉,价贱如泥土,富者不肯吃,贫者不解煮。净洗锅,少著水,柴头罨焰烟不起,待它自熟莫催它,火候足时它自美"等烹调技巧,为宋代黄冈饮食特色的成形奠定了基础。

关于东坡美食宴的研制,早在20世纪80年代即已开始。湖北黄冈饮食服务公司依据苏东坡在黄州生活4年多的饮食嗜好与故事传闻,以黄冈餐饮界收集整理出的"东坡三十二味"为基础,经过研发试制、逐次筛选,最终组配成席。

下面是一位黄冈籍的中国烹饪大师2014年为"长天湖杯"黄冈东坡美食节设计的一款菜单,可供学习与借鉴。

冷菜:

  东坡炝脆笋   东坡拌顺风

  东坡卤牛肉   东坡渍甜藕

热菜:

  东坡烧鲫鱼   东坡葛仙米

  桃仁东坡肉   东坡翘嘴鲌

  东坡酿豆腐   板栗焖仔鸡

  东坡蒸鳊鱼   莲藕排骨汤

主食:

  黄州东坡饼   东坡玉糁羹

创意说明:本筵席是一款以"东坡美食"为主题的文化主题宴。就食材看,本席重视荤素物料的合理调配,14道菜品中,荤料菜品8道,素料菜品6道,罗田板栗、麻城黄牛、茅山竹笋、巴河莲藕、黄州豆腐、樊口鳊鱼、长江鲫鱼、红安土鸡等特色食材的合理使用,突出了筵宴的特色风味。

就筵席构成看,本席集传统名肴(如东坡烧鮰鱼、黄州东坡饼)与创新菜式(如桃仁东坡肉、东坡酿豆腐)于一席,融东坡美食(如东坡蒸鳊鱼、东坡炝脆笋)与鄂东肴馔(如板栗焖仔鸡、莲藕排骨汤)为一体。菜品之间的冷热配合、干稀配合、荤素配合、口味配合、质感配合及营养配合得体,充分体现了"席贵多变"的设计要求。

就工艺特色看,本席强调本土技法,做工相当精致。例如桃仁东坡肉,嫩绿光洁的菜心垫底,烘托着色泽橘红、由稻草捆扎的东坡肉,饰以黄亮的核桃仁,置于方形水晶盘中,亮丽明快,意境十足。

例2,蕲春药膳养生席。

湖北蕲春县,隶属黄冈市,南临长江,北倚大别山,风光秀丽,景色宜人。蕲春是世界文化名人李时珍故里,医学巨著《本草纲目》的诞生地,素有"千年药都"之称。除盛产农作物、水产品及山野食材外,蕲春出产700余种中药材,尤以药食兼用的蕲竹、蕲艾、蕲龟和蕲蛇(历称"蕲春四宝")"天下重之"。

蕲春药膳养生席是指利用蕲春及周边地区的食物资源和相关药材,依据药食养生的相关理论和医方,为特殊食客设计与制作的食医结合型的筵席。此类筵席包括补气药膳养生席、补血药膳养生席、补阴药膳养生席、补阳药膳养生席、抗衰老药膳养生席和美容药膳养生席等。

下面是一例补阴药膳养生席。

蕲春补阴药膳养生席菜单

冬笋焖乌鸡(乌骨鸡、茅山竹笋、麦冬、百合等焖制)

天麻蒸鱼头(大胖头鱼头、天麻、川芎、茯苓、生姜、剁椒蒸制)

当归焖羊排(黄州萝卜、鄂东山羊排、当归、生姜、何首乌等烧焖)

地黄蒸老鸭(鄂东麻鸭、生地黄、怀山药、枸杞蒸制)

银耳莲子羹(大别山银耳、鄂东香莲、冰糖、沙参、石斛煮成)

八宝镶豆腐(黄州豆腐、蟹肉、水发干贝、百合、香菇、蕲艾等酿蒸)

虫草炖蕲龟(蕲春蕲龟、冬虫夏草、猪脚、枸杞、生姜煨炖)

腊肉炒豆丝(黄冈腊肉、麻城豆丝、青蒜、豆豉、枸杞、菊花炒制)

蕲春鲜果汁(巴河鲜藕、蕲春甘蔗、龟山雪梨、英山荸荠、冰糖熬成)

创意说明:本筵席是一款以"滋阴补阴、食治养生"为文化主题的简约型药膳养生席。其主要特色表现如下:

第一,本筵席的所有食品按照中医饮食有节、五味调和、辨证施治的食疗膳补原则而调制,食用为主,兼具治疗功效。例如冬笋焖乌鸡,能使人体的红细胞和血色素显著增生。又如当归焖羊排,可治疗妇女产后血虚,身体虚寒腹痛、腰痛和闭经等症。再如地黄蒸老鸭,可滋阴养胃、益肺补肾、补虚损、止喘咳。至于虫草炖蕲龟,其养生功效更是名不虚传。《南齐书》说:龟肉性味甘酸温,能滋阴补血,逐风祛湿,柔肝补肾,去火明目,可"通经脉,助阳道,补阴血,益精气,治痿弱"。《本草纲目》也有"龟肉治筋骨疼痛,及一二十年寒咳,止泻血,血痢"等记载。

第二,本筵席的地方特色鲜明,极具鄂东饮膳情韵。筵席所用的食材及药材大多源自鄂东地区,尤以蕲春蕲龟、黄州豆腐、巴河莲藕、麻城豆丝、长江胖头、茅山竹笋、鄂东麻鸭最具特色。菜品以蒸煨烧煮炖焖为主体,既保护了食物的营养成分,有助于药用功能的充分发挥,又符合鄂东民众的饮食习尚。

需要特别说明的是:本筵席适用于阴虚体质的宾客。根据中医"因人而异,对症而施"药膳配用原则,设计与制作此类筵宴,必须提前预订,"量身定做"。

第四节 湖北三蒸九扣席设计探析

湖北民众嗜爱蒸菜,当地的厨师擅长制作蒸菜。湖北蒸菜名品众多,大体上分为4类:一为粉蒸,如沔阳蒸茼蒿、天门泡蒸鳝鱼、洪湖粉蒸青鱼、襄郧荷叶粉蒸肉、黄冈粉蒸玉银萝卜丝、广济蒸荷叶鸡;二为清蒸,如武汉清蒸武昌鱼、浠水清蒸鸡肘、襄樊清蒸槎头鳊、广济清蒸鲫鱼;三为干蒸,如江陵千张肉、沙市螺丝五花肉、大悟蒸蹄髈、武汉梳子红肉；四为杂蒸，如钟祥蟠龙菜、应山滑肉、安陆翰林鸡、荆沙鱼糕、江陵八宝饭等。

湖北居民用蒸菜席招待宾客，由来已久。襄郧地区，每逢岁时佳节或红白喜庆，必推"三蒸九扣席"。天沔一带（含天门、沔阳等地），素有"三蒸九扣十大碗，不上格子（蒸笼）不成席"的饮食习俗。广济、大悟、麻城、新洲等地，凡正式宴请，乡镇居民常设"三蒸九扣肉糕席"。

湖北三蒸九扣席，是指流行于湖北及周边地区，以蒸扣菜式为主体的各式民间风味筵席的总称。关于三蒸九扣席的具体含义，《中国烹饪辞典》说："早时（长江上中游）农村办席，一次有二三十桌者，因席桌多，为求出菜快，故制作菜肴多用蒸扣。"湖北民间有三种说法对"三蒸"进行解释：一种是指蒸三类食材，即蒸畜禽、蒸水产和蒸素菜；一种是指使用多种蒸法，如粉蒸、清蒸、干蒸、杂蒸等；还有一种说法是"逢菜必蒸"，"无席不用蒸菜"。其实，这里的"三蒸"，只是一个概数，它在不同场合，可表达不同含义。所谓"九扣"，有时是指九大碗菜，或者一桌筵席安排九道主菜；更多的说法是"以九为大"，即言其多，用以表示筵席的丰盛和待客的真诚。

一、湖北三蒸九扣席的主要特色

与其他地方风味筵席相比较，湖北三蒸九扣席的风味特色主要表现如下：

在食物原料方面，就地取材，突出地方名特物产；荤素互补，注重食材合理组配；适应节令变化，努力调控筵宴成本。

在制作工艺方面，以粉蒸、清蒸、干蒸和杂蒸为主，蒸扣并举，兼及其他。加工工艺便捷，适于批量生产，具有较强的地方倾向性。

在菜式特色方面，除少数菜品香辣之外，绝大部分是传统的咸鲜味。粉香扑鼻、鲜嫩软糯、原汁原味、营养全面，深受当地乡镇居民所称颂。

在菜式品种方面，常见的菜肴品种有珍珠元子、蒸白丸、荷叶粉蒸肉、莲藕粉蒸肉、红扣肘子、千张扣肉、螺丝五花肉、粉蒸排骨、梅菜扣蹄髈、扣酥肉、风鱼蒸腊肉、清蒸鳊鱼、粉蒸鲴鱼、粉蒸鲇鱼、粉蒸青鱼、泡蒸鳝鱼、粉蒸牛蛙腿、粉蒸茼蒿、粉蒸南瓜、蒸菱角、蒸豆腐元子、粉蒸牛肉、香菇蒸凤翅、粉蒸鸡、八宝饭等,风格各异。

在筵席构成方面,单纯凝练、大方天成。一般筵宴通常选用大盘大碗盛装;中高档筵席不过分追求席面摆设。

此外,此类筵宴的酒规席礼都有传统规范,餐室装潢与环境设计带有浓郁的地方乡情,个性化的服务方式极具湖北乡村特色。

二、湖北三蒸九扣席的设计要求

设计湖北三蒸九扣席,除应遵循筵席设计的一般原则外,还需注意如下具体要求:

第一,食材选用方面,既要保持就地取材,突出地方名特物产的传统特色,又要应时而变,合理开发和利用新型原料,提升三蒸九扣席的层次。

第二,制作工艺方面,在弘扬蒸扣技艺的同时,广取川菜、湘菜、苏菜、鲁菜之长,改变烹制粗犷、餐具规格低下等不足。

第三,菜式特色方面,防止菜品分量过足、时尚元素相对不足等倾向,通过新食材、新设备、新工艺和新技法对传统菜品进行升级改造,提升其制品质量。

第四,筵席构成方面,既要传承传统筵席的合理内核,兼顾当地民众的饮食习俗,彰显地方名宴的饮膳风情,又要破除死守传统筵宴格式、排菜风格雷同的僵化思维。

三、湖北三蒸九扣席设计赏析

湖北三蒸九扣席流行面广,影响力大,自古至今,深为广大乡镇居民所青睐。下面列有襄郧地区、天沔地区的两份三蒸九扣席菜单,可供赏析。

例1,襄阳三蒸九扣席。

五福拼盘　　　　全家福寿

荆楚风味筵席设计

清蒸鳊鱼	香酥全鸭
粉蒸鸡块	红煨牛腩
珍珠米圆	油焖双冬
梅菜扣膀	粉蒸菱角
双圆鲜汤	八宝蒸饭

创意说明:这是汉水流域城乡居民岁时佳节、红白喜庆、乔迁新居时的流水筵席,主要流行在十堰、襄樊、随州等地。该席通常安排12道菜品,宴请规格因客而异;菜式以蒸菜、扣菜为主,适当配用炒菜、烧菜、烩菜与煮菜,常用大盘大碗盛装,荤素兼备,菜汤并举。其炊具主要是大锅、大笼,菜肴预制好后码碗置入笼中保温,随用随取,简便快捷。该席的宴饮方式是:上一道菜,吃一道菜;吃完一道菜,饮完一巡酒,撤去一只盘(碗),如此循环往复,如同流水。

例2,沔阳三蒸九扣席。

沔阳(现今仙桃市)位于湖北省中部的江汉平原,是武汉城市圈西翼的中心城市、中国蒸菜之乡。

沔阳的居民擅长制作蒸菜,大凡畜禽类、水产类、素菜类,都可蒸制。沔阳民间操办筵席离不开蒸菜,蒸菜在上桌时通常使用扣碗翻扣装盘,勾芡浇汁,所以有"三蒸九扣"之说。当地蒸扣席的制法主要有粉蒸、清蒸、扣蒸、酿蒸、汤蒸、泡蒸、包蒸、封蒸、花样造型蒸、干蒸等,尤以清蒸、粉蒸和扣蒸最为闻名。沔阳蒸菜席的菜肴粉香扑鼻、鲜嫩软糯,以滚、烂、淡而见长。常见的筵席名菜有蒸珍珠元子、蒸豆腐元子、蒸白丸子、清蒸鳊鱼(武昌鱼)、粉蒸鲴鱼、粉蒸鲢鱼、粉蒸青鱼、粉蒸肉、粉蒸排骨、粉蒸茼蒿、太极蒸双蔬、粉蒸南瓜、泡蒸鳝鱼等。

下面是流行于沔阳、天门一带的三蒸九扣席菜单,可供赏析。

冷菜:家乡卤味拼

热菜:茼蒿蒸青螺

   天沔蒸白丸

   泡蒸黄鳝鱼

香酥扣蒸鸭

莲藕粉蒸肉

珍珠豆腐丸

梅菜扣蹄髈

太极蒸双蔬

野菌土鸡汤

主食：荆沙八宝饭

创意说明：本席是当地蒸扣席中的典型案例，除一款冷菜之外，余下的即为"三蒸九扣十大碗"。其特色主要有六点：一是就地取材，不尚虚华；二是主菜必蒸，食材广博；三是菜品滚、淡、烂、鲜，原汁原味；四是荤素搭配，汤菜并重；五是简约大方、朴实便捷；六是适应面广，影响力强。筵席中的茼蒿蒸青螺、莲藕粉蒸肉、珍珠豆腐丸曾受到多位国家领导人的好评。

第五节　荆楚风味素菜席设计探析

素菜，通常是指以蔬菜、粮食、豆制品、食用菌和干鲜果品等植物性食材为主料而制成的各式菜品。主要由民间素菜、寺观素菜和市肆素菜所组成。

一、荆楚风味素菜席的特色与类别

湖北省是大乘佛教和道教全真派的传播中心之一，寺观众多，香火旺盛。早在盛唐，黄梅五祖寺就推出了"佛门五斋"（烧春菇、烫春芽、炸春卷、白莲汤和桑门香）；到了明代，武当山道观又创造出了洋洋大观的"混元菜席"。及至近代，不少厨师上山拜师学艺（如湖北素菜大师朱世明就曾当过多年和尚），并将市肆素宴的制作技术传播到城镇餐馆中加以发展变化，于是便有了品类繁多的湖北素菜席。

湖北素菜席,又称湖北素宴。根据筵宴原料的不同组配状况,此类筵席又可分为禁绝一切荤腥物料的荆楚风味全素席和以植物性原料为主体,适当配用蛋、奶、鸡汁等荤腥物料的荆楚风味花素席两类。

(一)荆楚风味全素席

全素席,又称全素筵席、斋席、香积席、清素席或蔬果席,是指由蔬菜、果品、菇耳、粮豆等植物性原料制作而成的各式筵席。荆楚风味全素席品类众多,有的植根于名山古刹,如五祖寺禅宗清素宴;有的活跃在茶楼酒肆,如襄郧地区三菇六耳席;还有的诞生于城乡居民之家,如随州村民祭祖席。限于篇幅,这里仅以湖北寺观素宴为代表,对其特色风味加以分析与研讨。

第一,就地取料,选料严谨,时鲜为主,清爽素净。湖北寺观素宴的原料大多取用湖北本地的蔬菜、果品、粮食、豆类及菌笋等植物性原料,它以三菇(香菇、草菇、蘑菇)六耳(石耳、黄耳、桂花耳、白背耳、银耳、榆耳)唱主角,配料是时令蔬菜与瓜果;调味汤多用黄豆芽、口蘑、冬菜、蚕豆、冬笋和老姜等熬制,鲜香适口。湖北寺观素宴忌用动物油脂与蛋奶,回避"五辛"(大蒜、小蒜、兴蕖、葱、茗葱)和"五荤"(韭、薤、蒜、芸薹、胡荽),强调就地取材,突出乡土物产,注重应时当令。黄梅五祖寺以野菜、豆腐等制的五祖菩萨春卷,以白莲、松果等制的白莲汤,以桑叶拖薄面糊炸成的桑门香,所用原料,全系当地特产。

第二,做工考究,注重本味,花色繁多,制作精细。湖北寺观素宴的菜品制作极为考究:烹制一般素菜,重视清炒、清烩、清炸、清蒸、清炖,少加粉饰,以突出物料的清新自然和本色原味;烹制工艺素菜,注重标新立异,擅长于包、扎、卷、叠等造型技巧,重视各种模具的合理使用,工艺素菜几可以假乱真。武当山的道总徐本善在《混元宗坛执事条教牌榜》中说:"为默造之厨,作烹饪之务。奏刀不嫌其细,乘供必取其先。羹汤固宜适味,粗淡岂可轻心?"僧尼道士们辛勤劳作,提高了湖北素菜的产品质量。据粗略统计,湖北寺观素宴的常用菜式达300余种。创制于清代的湖北名宴"佛光普照席",仿照满汉全席的格局,素馔多达108款,令人叹为观止。

第三,筵宴膳食营养全面,健身疗疾效果明显。湖北寺观素宴的饮膳结构符合合理营养、平衡膳食的基本要求。相关实验研究表明:素食中的汁液、叶素与纤维可促使胃肠蠕动,帮助人体消化吸收,可减肥健体,预防心血管疾病的发生;素食中的维生素和无机盐,可调节人体的生理机能,预防多种缺乏症的产生;素食中的干果类蔬菜,如核桃、芝麻等,能使皮肤滋润、头发乌亮;素食中菌笋类蔬菜,如猴头菌、鸡坳菌等,能够抗病疗疾,使人延缓衰老。关于寺院素斋的饮食疗效,武汉归元禅寺方丈隆印大师在武汉首届素食研讨会上总结说:素食绿色、环保、廉价、便捷。坚持食素,可益寿延年,抗癌疗疾,可美容益智,强身健体,既合国情,又顺民意。

第四,湖北寺观素宴无不严守清规戒律。首先,湖北寺院素菜在形成过程中,与佛、道两家的教义有着千丝万缕的联系。由于佛家"只吃朝天长,不吃背朝天",道家也竖着"荤酒回避""斋戒临坛"的巨幅匾额,这为市肆素宴的饮膳特色定下了基调。其次,寺观菜的执鼎者多为僧尼和道徒,他们"戒杀生","重清素","不沾荤腥",禁绝"五辛"。在制菜过程中,"清心寡欲",从不越雷池一步。最后,寺观菜的品评常以淡雅清香为时尚。普通菜肴,讲求清淡、洁净;工艺菜肴,多是"以素托荤"。武当山紫霄宫名菜"混元大菜",表现出道众心向莲台、志登仙界的精神信仰;湖北宝通禅寺的"功德素包",寄托了僧尼们礼佛劝善、行善积德的美好愿景。

(二)荆楚风味花素席

花素席,又叫"仿荤素席",是指按照名同、料别、形近、味似的要求,用素质为主的原料仿制的类荤式酒席,多在大中城市的素菜馆供应。荆楚风味花素席主要包括两种类型。一类是以单一原料作主料制成的单料花素席,如楚乡全菱席;另一类是用多种原料作主料制成的多料花素席,如佛光普照花素宴。

荆楚风味花素席的仿荤常用两种手段:一是素料辅以荤汤(如鸡汤、肉汤)以提鲜和增味;二是运用原料配比和刀工造型将植物原料模拟出飞禽走兽的形态,这便是"鸡吃丝、鸭吃块、肉吃片、鱼吃段"之说。

之所以如此,是因为素菜馆的食客中善男信女较少而知味养生的食客较多,纯粹的"素料素烹"缺乏市场竞争力;同时素菜馆的师傅中许多原本就以制作荤菜为主,大都有一手过硬的基本功,他们通过"素料变形"而显示技艺,提高素食馆的经济效益。

二、荆楚风味素菜席的创新设计要求

随着时代的发展与进步,营养均衡、美味适口的各色素宴越来越为广大民众所青睐。我们应结合现代餐饮业发展需求,继续运用新观念、新工艺、新设备、新原料等对湖北传统素宴进行研制、改造和推广,服务全国民众。

(一)湖北寺观素宴的创新发展要求

革新湖北寺观素宴,应当去粗取精,去伪存真;保持特色,突出创新。第一,湖北寺观素宴选料严谨、绿色环保的餐饮特色需要传承;第二,寺观素宴把饮食融入佛经、道法,追求空心净性的饮食文化不可摒弃;第三,湖北市肆素宴淡雅清丽的菜肴风貌不要改变;第四,湖北寺观素宴做工考究的良好口碑需要颂扬,疗疾健身的养生功效需要倡导。

(二)湖北市肆素宴的研发与推广

1. 市肆素宴的研发

在湖北素食体系中,民间素菜是根基,寺观素菜是楷模,只有市肆素菜才是素食之主体。湖北市肆素宴的研发领域较宽,当务之急是要从各宫观寺院中挖掘出各式可供利用的寺院素菜,取其精华,去其糟粕,研制出新的湖北素宴,以供市场推广。还可对流行于湖北本地的寺观素宴进行合理移植,借鉴其烹调技艺,取长补短,为我所用。

2. 市肆素宴的推广

湖北市肆素宴,市场开发潜力巨大,应用前景非常广阔,要想取得长足的发展,可从多个方面进行合理展示。第一,湖北市肆素宴绿色环保、物美价廉、淡雅清丽、疗疾健身,大力宣传和推广,有利于生态和谐,顺应餐饮潮流。第二,湖北市肆素宴风格特异、底蕴厚实、饮食文化博大精深,大力宣传和推广,有助于世人修心养德、平和心境,营造和谐大同的生存环境。第三,湖北市肆素宴做工考究、名品众多,大力宣传和推广,可丰富素菜品种,增加民众的选择机会,丰富人们的饮食生活。

三、荆楚风味素菜席赏析

湖北素宴种类丰繁,影响深远。现摘其精品3例,以供赏鉴。

例1,黄梅五祖寺禅宗清素宴。

位于湖北黄冈黄梅县的五祖禅寺,系由禅宗五祖弘忍于唐朝咸亨年间所创建,距今已有1300多年的历史。

弘忍一生积极倡导斋菜,经常关注寺院膳食,要求僧人的膳饮"三餐搭配,四时相宜"。寺内的传统美食"三春"(煎春卷、烫春芽、烧春菇)、"一香"(桑门香)、"一莲"(白莲汤),名留千古,传承至今。

下面是一份源自黄梅县五祖寺的禅宗清素宴菜单。

冷菜:凉拌莴苣、油淋黄瓜、炝春芽、桑门香;

热菜:红扒素鸡、烧春菇、油焖双冬、嫩姜炒千张、八宝瓤豆腐、桂花板栗、酥炸藕圆;

汤羹:白莲汤、豆芽汤;

点心:煎春卷、八宝饭。

创意说明:本筵席是一款以"礼佛济世,清净有为"为文化主题的禅宗清素席。它以产自湖北黄冈的蔬菜、果品、菇耳、粮豆等植物性原料为食材,按照佛家的清规戒律及膳饮传统,运用寺庙传承的古法调制而成。其主要特色表现为如下三个方面:

第一,佛家文化色彩鲜明。本筵席所用的食材以时鲜为主,清爽素净;所选的菜品(如桑门香、白莲汤等),以该寺传承千年的著名斋菜为主体,文化积淀深厚;所用的技法全都传承古制,不事雕琢,传承了"斋食应以本色为贵"的值厨规矩。

第二，黄冈饮膳情韵浓郁。本筵席所用的食材全部取自鄂东地区,尤以黄州豆腐、巴河莲藕、罗田板栗、龙王白莲最具特色。菜品以烧煨烩煮煎焖为主体,简约大方。菜品排列符合鄂东筵宴的饮膳风格,朴实自然。

第三，多料合烹,健身疗疾。本筵席取料广泛,花色繁多,组配严谨,营养平衡。据测算,全席所用食材50余种,其膳食营养不仅数量充足,而且比例适当,既利于消化吸收,又具有健身疗疾功能。

例2,楚乡全菱席。

菱,又名芰、水栗,按外形不同主要分为无角菱、两角菱(有平角、斜角和弯角之别)和四角菱3个大类。其优良品种有南湖菱、馄饨菱、元宝红、沙角菱、大弯菱、畅角青等。湖北的孝感、荆州、宜昌等地,盛产个大质脆、糖多水足的紫色红菱。除生食与制粉之外,还能作为主料,烹调出系列红菱菜品,组合成全菱花素席。

下面是一份流行于湖北素菜馆的全菱席菜单。

彩碟:红菱青萍

围碟:盐水菱片　　　　椒麻菱丁

　　　蜜汁菱丝　　　　酸辣菱条

热炒:虾仁菱米　　　　糖醋菱块

　　　里脊菱茸　　　　财鱼菱片

大菜:鱼肚菱粥　　　　酥炸菱夹

　　　鸡茸菱块　　　　粉蒸菱角

　　　莲米菱羹　　　　火腿菱盆

点心:菱丝酥饼　　　　菱蓉小包

茶食:菱荷香茗

创意说明:本席是以红菱作主料制成的单料花素席。全席菜品18道,清醇精美,大方天成。其主要特色:一是荆楚饮膳风格突出,地方名食荟萃;二是筵宴清新素净,工艺细腻精致;三是食材组配巧妙,养生功效显著。鄂地的市肆素菜馆多在夏季推出此类单料花素席,解暑气,去积食,治消渴,可防治肝癌、胃癌和食道癌。

例3,武汉归元寺素菜馆花素宴。

归元寺坐落在湖北省武汉市汉阳翠微街西端,建于清代顺治初年。寺内有姿态各异的五百罗汉。归元寺素菜席有100余年的历史,原系僧人操办;现有专门对外经营的素菜馆,主要是供应游客。其高档席面依照湖北市肆素宴编制,按照冷拼—热菜—汤点的格局设计,仿荤菜式约占1/3。其提鲜增味主要仰仗香菇、冬笋、面筋和豆芽;还安排有少量的现代新菜(如花生酪、果酱排),品尝起来,古、今、僧、俗情韵兼具,又是一种风格。

下面是武汉归元禅寺与武汉商学院联合研制的一份市肆素宴菜单。

归元禅寺—武汉商学院市肆素宴菜单

四色新派凉糕

  椰香南瓜糕   蓝莓山药糕

  茶香紫薯糕   清凉绿豆糕

四味传统凉碟

  紫菜素鸡卷   五香素牛肉

  香酥麻雀头   四鲜炙烤麸

四品佛门热炒

  焦熘素脆鳝   石烹竹荪胎

  佛手四鲜炒   禅门素茄夹

四赏罗汉大菜

  佛门涮时菌   功德尽圆满

  芦笋扒海参   脆皮素全鱼

四鉴归元精品

  虫草炖松茸   蟹黄豆腐羹

荆楚风味筵席设计

　　　　归元狮子头　　　　雪蛤炖桃胶

四形菩提斋食

　　　　极品罗汉包　　　　豆沙佛手卷

　　　　四色如意饺　　　　佛珠荷花酥

　　创意说明：2013年6月，武汉素食研究所成立仪式暨首届素食研讨会在武汉商学院举行。武汉佛教协会副会长（归元禅寺方丈）隆印、武汉佛教协会副会长（宝通禅寺方丈）隆醒及相关团体、企业负责人分别陈述素食养生观点，并就素食研究工作献计献策。同年7月，该所人员及相关专家汇聚归元禅寺，分析国内外素食产业发展现状，商讨素食产品研发方向和重点领域，决定以归元禅寺素菜馆、花之恋食品有限公司两家食品企业为依托，以武汉商学院为产品研究及人员培训基地，建立产、学、研三位一体的素食研发联合体，并开始实质性运作。上述素宴便是其阶段性研究成果。

第六章　荆楚民俗风情筵席设计探析

荆楚民俗风情筵席,是指以荆楚特色风味为旗帜,长期流行于湖北省及其周边地区,按照荆楚民众的聚餐方式、社交礼仪和审美观念来编排,由当地特有的乡土风味食品所组成的各式筵宴。此类筵席构思奇巧,工艺善变,民俗风情浓郁,深为广大民众所喜爱。

第一节　荆楚民俗筵席的开发与利用

在湖北乡村和城镇,遍布着众多民俗风情宴,如武汉四喜四全席、荆沙民俗鱼糕席、钟祥长寿宴、郧阳十大碗席、随县五福六寿席、麻城三道面饭席、恩施十碗八扣席、咸宁四分八吃席等。

这类民俗风情筵席擅长选用山乡土特原料,强调运用本土制作技法,楚乡民俗饮膳风情浓郁,深受当地民众认同。可随着时代的发展与进步,其不足之处也日显突出。主要表现为:

第一,鄂式民间筵席的食材以淡水鱼鲜和山野资源为主体,品类数量虽多,但新型食材的开发利用较少,难以跟上时代发展的步伐。

第二,除传统制作技法之外,湖北民间的烹饪技艺创新不足,一些新炊具、新工艺没能及时引进。

第三,大多数风味名菜故步自封,缺乏创新;不少特色菜品研发推广不力,濒临衰亡。

第四,部分地方筵宴菜式单调乏味,筵席结构千篇一律。

第五,荆楚民俗筵席精品的打造尚需时日,像四川田席之类的中国著名筵宴少而又少。

第六,经营者们趋利心理过盛,部分乡镇的荆楚民俗风情筵席难登大雅之堂,荆楚民俗筵席的餐饮市场正在逐渐萎缩。

上述弊端的出现,源自多种因素。影响荆楚民俗筵席发展的主要因素是:政府重视不够,行业引导乏力;菜品研发力度不大,科研成果难以推广利用;时尚菜品未能有效整合,筵宴特色难以得到彰显;部分乡村民众的饮食观念有待更新,普通民俗筵宴的上升空间受到限制。

随着社会经济的大力发展,城乡居民收入的普遍提高,人们的饮食需求正由"温饱型"向"营养健康型"转变,支持湖北民间筵席创新发展的大环境业已形成,这为振兴鄂式民俗风情筵席提供了一个全新的历史机遇。

开发与革新荆楚民俗风情筵席,有如下措施可供参考:

第一,政府大力支持,行业合理引导。各级政府的大力支持,行业协会的合理引导,能为提升荆楚民俗筵席的品质提供坚实的保障,可在政策方面营造出和谐环境,有利于建立起政府宏观调控、行业协会指导、企业强化自律的市场新秩序。

第二,提高从业人员素质,提升行业发展水平。荆楚民俗筵席难以实现质的飞跃,这在很大程度上取决于它的从业人员。一个整体素质偏低的从业群体,在一定程度上影响到筵宴品质的提升。

第三,强化品牌、准确定位。要革新荆楚民俗筵席,确立品牌、准确定位尤其重要。我们必须强化湖北民间菜品品牌,对荆楚民俗筵席进行明确的定位,对其整体资源进行合理整合;以传统特色筵席菜品为基础,推出一批新型菜品;以荆楚民俗筵席精品为龙头,形成一个坚实稳定的荆楚民俗筵席体系,在消费者心中重塑荆楚民俗筵席形象。

第四,传承精品,锐意创新。传承精品,锐意创新,意在继承和发扬荆楚民俗筵席的传统特色。在保护好特色经典民间宴筵的同时,不拘传统,大胆创新,进一步提高特色食材在荆楚民俗筵席中的选用比例,充分发挥荆楚民俗筵席传统烹制工艺之所长,按人们饮食转型的要求,从食材、工艺到经营策略上做出更多的创新。

第五,加强荆楚民俗筵席研发力度,提升鄂式筵席的整体实力。荆楚民俗筵席的研发要按照健康饮食的要求,运用现代科技手段,提高荆楚民俗筵席的质量和水平。要逐渐将当代荆楚文化有机地融入荆楚民俗筵席之中,进一步凸显荆楚民俗筵席的地方特色和文化品位,提升荆楚民俗筵席的整体实力。要大力宣传、推广荆楚民俗风情筵席,提高荆楚民俗筵席的知名度与影响力。

第二节 荆楚民俗风情筵席的设计要求

湖北民俗风情筵席虽然特色鲜明,流行久远,但也有很多不足之处,如菜品数量过多、食物结构僵化、忽视营养卫生等,都要加以重视和解决。

一、根除丰而不洁的弊端

湖北居民宴客,习惯于以丰为敬。多数民俗风情筵席菜品数量较多,分量过足。部分菜点工艺粗犷、习用海碗大盆盛装,留下"油大、芡大、量大,吃了不说话"等不雅评语。此外,餐具和用具规格较低,就餐环境相对简陋,影响了宴席的品位与格调。

随着社会的不断进步,人们的审美意识在日益提高,这种"以量取胜""丰而不洁"的饮食思维越来越不合时势。著名的饮食文化专家陈光新教授说:筵席的发展趋势应当是小、精、全、特、雅。如果我们摒弃"有吃有剩"等传统观念,限制筵席菜品的数量,注重每一道菜点的色质味形与盛器,高度重视宴饮的就餐环境,那么,清新亮丽的民俗风情筵席一定会脱颖而出。

二、突出筵席个性化特色

荆楚民俗风情筵席有宴会席与便餐席之分。前者的最大弊病是死守传统的排菜格局,风格雷同。后者菜品的花色品种相对单一,年复一年,"十八罗汉打转",毫无新意可言。在菜品质量方面,民俗风情筵席的制作者多数是业余厨师,他们生产的酒席,无论是观色、品质、尝味、闻香还是赏形,都有很大的提升空间。至于菜单的设计、原料的选购、程序的安排、成本的控制、环境的布置、节奏的掌控、特色的展现等,需要改进的内容就更多。

荆楚民俗风情筵席的当务之急是要突出个性化特色。就原料构成看,要充分利用湖北交通便利的地理优势,广辟食源。就筵席格式看,要借鉴外地的餐饮模式,提倡风格多样化。就菜品的制作而言,要引进富有特色的流行菜品,取人之长,补己之短。就宴席环境的布局而言,要针对不同宴席主题进行环境包装,力争使餐室装潢与环境设计具有浓郁的地方乡情。

三、注重合理营养与卫生

荆楚民俗风情筵席的操办者多是本地居民,掌握平衡膳食理论的正规厨师不是很多。在乡村,部分居民视请客设宴为聚众打牙祭,大鱼大肉,大吃大喝,暴饮暴食,毫无节制。在城镇,有些富贵人家在原料的选择上搜奇猎异,在食品的取用上少取多弃,重油大荤的比重过大,素菜与主食的用量相对不足。特别是在一些偏远的贫困地区,村民们稼穑艰难。每次操办宴席,常以木柴为燃料,以低劣的器具为餐具,取用大锅土灶烹制,工作环境及卫生条件极差,烟尘、虫卵、蝇鼠及杂物等极易影响制品的质量。更可怕的是,一些俗厨对病死禽畜、有毒菌类、糜变食品、禁用色素等从不设防,存有不同程度的卫生隐患。

筵席,就其主要功能而言,一是提供合理营养,满足口腹之需,给人精神享受;二是作为交往应酬的工具,实现某种社交目的。所以,讲究营养、注重卫生,这是设宴待客最为基本的要求。因此,荆楚民俗风情筵席要想发扬光大,平衡膳食的相关理论有待普及,必要的卫生知识有待加强。

第三节　荆楚民俗风情筵席设计赏析

为全面认识、合理改造并适时推广荆楚民俗风情宴,现从中遴选出武汉四喜四全席、荆沙民俗鱼糕席、湖北钟祥长寿宴、鄂东庆典大围席、襄郧山珍野味席、恩施十碗八扣席等12个范例,以供分析与鉴赏。

一、武汉四喜四全席

在武汉地区的传统喜庆筵席中,四喜四全席应用最广。"四喜"指福、禄、寿、庆兼具,"四全"指父母、兄妹、夫妻、儿女齐全,当地则以四喜凉菜、四喜热炒、四全大菜、四色点心等来表示。

此类筵席的结构是菜肴点心成双成对,逢四扣八。冷拼和热炒各为4道,寓意"事事如意";大菜通常安排全鸡、全鸭、全鱼、全膀,齐齐全全;点心也用4种花型,以"锦上添花"来显示宴客盛情。

下面是流行于武汉地区的一份四喜四全席菜单:

四冷碟:五彩香肚、凉拌蛰丝、广米西芹、糖醋油虾

四热炒:龙凤双球、油爆菊红、水晶虾仁、玉带鱼卷

六大菜:三鲜鱼肚、八珍酥鸭、珍珠蹄髈、黄陂三合、香菇菜心、鸳鸯鳜鱼

二汤菜:莲枣甜羹、五圆全鸡

四点心:四美汤包、三鲜水饺、金牌麻圆、双色蛋糕

一水果:时果拼盘

一香茗:玉露红茶

筵席说明:本席单既按"四喜四全席"的结构排菜,又处处紧扣"庆婚"二字。四冷碟用以佐酒品味,四热炒件件带"彩",头菜"三鲜鱼肚",将筵席推向高潮,紧跟的几个大菜,则寄托着宾客们的美好祝愿:愿新人贤惠、盼早生贵子、

祝白头到老、庆财源广进。座汤五圆炖全鸡是正菜完毕的标志,颂夫妻恩爱,望家庭和睦。酒席最后既有咸点汤包、水饺,又有甜点麻圆、蛋糕;水果是楚乡佳果脐橙,香茗是鄂西特产。整桌酒宴彰显着武汉居民热情、好客、大气、豪爽的个性。

随着时代的进步,人们的饮食观念发生了较大改变。现今的武汉居民宴客,无论是婚寿喜庆、亲朋相聚、迎来送往,还是交际应酬,虽然仍在沿用四喜四全席,仍然强调欢快祥和的喜庆气氛,但宴客的方式及酒宴的内容发生了较大的变化。

下面是一份近些年来流行于武汉市区的简约型四喜四全席菜单,可供赏析:

凉菜:

  家乡食珍汇

热菜:

  山药扒土鳖　　　　豉椒石鸡腿
  荷花三黄鸡　　　　沔阳新三蒸
  砂钵焖双圆　　　　酥炸菱角排
  海参武昌鱼　　　　什锦冬瓜盅

汤菜:

  冰爽清莲汤　　　　菌王炖乳鸽

点心:

  一品虾茸包　　　　木瓜烤蛋挞

水果:

  江南名果拼

本席单与传统的四喜四全席相比较,特色之处主要表现如下:

第一,格式简约,大方天成。该席排菜14道,既有冷热之分、干稀之异、荤素之别,又主次分明、重点突出,体现了荆楚民众的饮膳习尚,符合四喜四全席的设计要求。

第二,荤素互补,营养平衡。在膳食调配及营养构成方面,该席取料较为广泛,荤素比例协调,多料组配谨严,膳食营养平衡。食品用料较传统筵席大幅减少,素料的比例接近30%;全席主副食品种多达50余种,有利于形成一整套平衡膳食。

第三,传承经典,凸显创新。该席既传承了传统筵宴的精髓,又与时俱进,大胆创新。例如沔阳新三蒸,先用小碗整齐地排列拌有米粉的鳝块,蒸熟后倒扣于平底白圆盘中央,再将熟制的珍珠米丸和焯水的菜心相间对称排列于四周,最后淋以明芡。本菜三料相配,黄亮、洁白、碧绿交相辉映,较之传统的沔阳三蒸,实现了质的飞跃。

二、荆沙民俗鱼糕席

荆沙鱼糕,俗称"百合糕"。此菜晶莹洁白,软嫩鲜香,质地柔韧,对折不断,素有"食鱼不见鱼,无糕不成席"之美誉。早在春秋战国时期,鱼糕即是楚宫席上的头道大菜;及至唐宋,荆州权贵宴请宾客,常将鱼糕作为筵席主菜;明清时期,用鱼糕宴飨宾客已是荆州百姓的传统风俗。现今的荆沙鱼糕席更是工艺精湛,影响深远。

荆沙民俗鱼糕席,又称众星拱月席。其筵席菜品分为碟菜、盘菜和碗菜3组,每组7件。主菜1件,盛器较大,置于正中;辅菜6件,盛器较小,围在四周。宴饮聚餐时,每用完一组菜品,就应更换一次餐具,前后共计3组菜品,最后用两道点心收席。

下面是荆南地区的一款鱼糕席菜单。

第一组:七星碟

主碟:古城风光

围碟:椒盐湖虾、透味牛肉、糖醋脆藕、麻辣肚档、凉拌蛰丝、蜜汁香枣

第二组:七星盘

主盘:长湖鱼糕

围盘:夏果鲜贝、韭黄鸡丝、蒜爆膳片、银鱼炒蛋、炒荷兰豆、脆炸鲜奶

第三组:七星碗

主碗:人参炖鸡

围碗:江陵扣肉、红扒全鸡、口蘑菜心、粉蒸鲇鱼、酥炸藕圆、白汁鱼丸

收席:虾茸蒸饺、珍珠发糕

从菜式结构上看,此宴层次清晰、重点突出。第一组食品以"荆州古城风光"为主碟,辅以6道精巧的小围碟,形成冷菜组团。第二组食品以"长湖鱼糕"为主菜,辅以6道时令热炒,起着上承冷菜、下启大菜的作用。第三组食品为大菜,7道菜品全都使用大碗盛装,"人参炖鸡"为主汤领头。第四组食品为点心,仅排2道,咸甜各一,作为筵席结束的标志。

从特色风味上看,此宴食材多为当地物产,水产为本,间以畜禽蔬果;所用技法多为蒸、煨、烧、炸、炒,鸡鸭鱼肉蛋奶合烹,尤以鱼糕、鱼圆最负盛名;所制肴馔芡薄爽口,咸鲜微辣;所列菜品如长湖鱼糕、白汁鱼圆、江陵千张肉、酥炸藕圆等,皆为湖北名菜,荆沙特色十分鲜明。

三、荆南地区七星宴

荆南地区七星宴,又名"七星剑"或"七星饯",是近两百年来流行于荆南地区的民俗风情宴,与现在农村的流水席有些相似。

在荆州农村,逢年过节或是红白喜事,当地居民保持着在家请客的传统习俗。主家请来专业厨师操办酒宴,并在自家后院设置简易厨房生火做菜,亲朋则在门前临时搭建的帐篷里聚餐,前一拨客人刚吃完,下一拨客人便入座。

荆南地区的七星宴即是以这种"流水席"形式招待宾客。它通过荤素食材的合理组配,将筵席主菜定格为7道,以供8位宾客之用,兼取"七星"伴"八仙"之寓意。

据相关资料记载,民国初期,荆沙民间婚丧喜庆、商会会馆聚餐,以及政府

部门的公务宴请,都以"七星宴"为标准筵席。就菜式品种而言,它的常用菜品主要有杂烩头子、黄焖圆子、梅菜扣肉、红烧全鱼、铁扒土鸡、油爆三鲜、皮条鳝鱼等。瓦罐鸡汤、霸王财鱼、冬瓜鳖裙羹等名菜可按需求灵活配置,荆沙鱼糕、黄焖圆子、千张扣肉等本土名馔则必不可少。

在菜式的排列上,七星宴的上菜顺序相当讲究:首先上场的是"杂烩头子",以鱼糕为主;第二道菜是"扣肉",皮薄剔透,入口即化;第三道菜是"油炸鸡",鲜香适口,"大吉大利";第四道菜是"黄焖圆子",团团圆圆;第五道菜是用猪的肝、肚、腰子烹成的"炒三鲜";第六道菜是"汤菜",可灵活配置;最后一道是"蒸全鱼",寓意为"天长日久,始终有鱼(余)"。

如今的"七星宴"表现出与时俱进的创新意识,在聚餐方式、菜单设计、食材选配、菜品制作及礼节仪程等方面均有较大改进。

第一,在聚餐方式上,传统的七星宴多为8人一桌,使用八仙桌,方方正正,八八大发。现今多数酒店改用圆桌,10人共餐,十全十美,团团圆圆。

第二,在菜单设计上,传统的七星宴菜式变化不大,筵席格式固定。现今的"七星宴"则是根据人们饮食观念的变化而作适当调整。

第三,在食材选配上,现今的"七星宴"已不再拘泥于本地的物产资源,所用原料越来越时尚,越来越广博。

第四,在菜品制作上,更加重视合理创新与营养组配。例如鱼糕头子,传统做法是鱼糕16块,其下铺垫8个大肉圆,现今则将大改小,将粗变精,并加大了黄花菜、黑木耳的分量。

第五,在礼节仪程上,朴实的宴客仪式也有改进。例如传统筵席,每位宾客的座位上放有一张草纸或荷叶,这是让客人把吃不完的菜肴当作"谪食"带回家。这种"吃不完打包带走"的礼俗如今不再盛行。

四、江陵民间鳖裙席

湖北江陵,古称"七省通衢"。这里湖塘纵横、气候温润,特别适于甲鱼(又名鳖、水鱼、团鱼、元鱼)栖息。江陵甲鱼个大、体肥、裙厚、胶质含量丰富,是当地设宴的上等原料。

江陵民众食用甲鱼由来已久。据《江陵县志》记载:宋仁宗召见荆州府尹张景时问道:"卿在江陵有何景?"答曰:"两岸绿杨遮虎渡,一湾芳草护龙洲。"仁宗又问:"所食何物?"答曰:"新粟子炊鱼子饭,嫩冬瓜煮鳖裙羹"。

鳖裙,又称裙边,是甲鱼背甲四周富含胶原蛋白的软组织,肥糯、油润;具有滋阴凉血、补益调中、补肾健骨、散结消痞等作用;可防治肝脾肿大、肺结核等症,对降低血胆固醇有一定的疗效。明清时期即被称为"八珍"之一,与鱼翅、海参同列。

根据江陵民众的饮食习俗,名贵的鳖裙菜一旦用于筵席中,必须充当头菜;该宴的名称也称之为鳖裙席(或裙边席)。

下面是一份荆南民间寿庆宴中的鳖裙席菜单。

冷菜:万寿福满园

头菜:冬瓜鳖裙羹

热菜:凤翅扒猴头　　　　　　长湖蒸鱼糕

　　　豉椒炒牛柳　　　　　　蒜香炸鹌鹑

　　　马鞍烧鳝乔　　　　　　莲子炒虾仁

　　　江陵千张肉　　　　　　桃仁鲜时蔬

　　　寿桃槎头鳊　　　　　　五圆土鸡汤

主食:长寿龙须面　　　　　　如意南瓜饼

果拼:锦绣水果拼

香茗:金山毛尖茶

除用头菜标明筵宴规格之外,本筵席的另一重要特色是地方风味显著。冬瓜鳖裙羹、长湖蒸鱼糕、马鞍烧鳝乔、江陵千张肉等名菜,无一不是湖北风味中的佼佼者。

五、洪湖驯养野鸭席

洪湖市位于湖北中南部,境内除中国第七大淡水湖洪湖之外,还有千亩以上的大湖21个。这里水域辽阔,水草丰茂,水质清澈,野生动植物繁盛,尤以洪湖野鸭最负盛名。

野鸭,又名山鸭、水鸭、蚬鸭,属鸟纲雁形目鸭科。是一种候鸟,春夏在北方繁殖,秋冬在南方越冬。每年秋冬时节,数以万计的野鸭从北方迁徙到洪湖过冬,常见品种有青头鸭、黄鸭、中野鸭、八塔鸭等39种。当地的民谚说:"九雁十八鸭,最佳不过青头和八塔",故而青头鸭与八塔鸭又属洪湖野鸭之冠。

洪湖是众多湿地迁徙水禽的重要栖息地,特别适合于野鸭驯养。野鸭驯养系由野鸭蛋孵化鸭苗,再圈养于湿地自然保护区繁殖,160天后即可销售。据资料显示,洪湖有近千年的野鸭驯养历史。在4万余公顷的湿地自然保护区,近年驯养野鸭的年产量多达25万公斤。2013年11月,"洪湖野鸭"荣获国家农产品地理标志。

洪湖餐饮企业在传承当地野鸭制作技艺的同时,结合现代食品加工技术,以驯养野鸭为主要原料,研制出一大批野鸭菜品,组成风姿特异的各式野鸭席。

下面是当地一份驯养野鸭席菜单。

洪湖驯养野鸭席菜单

冷菜:香芹野鸭丝　　　　透味卤野鸭
　　　椒麻野鸭肫　　　　蒜香烤鸭翅
热菜:翅参野鸭掌　　　　莲菱蒸野鸭
　　　野鸭煲笋尖　　　　红烧野鸭块
　　　腊野鸭焖藕　　　　虫草老雄鸭
主食:鸭茸小笼包　　　　腊鸭炒豆丝

全席菜品共计12道,逢菜必以洪湖野鸭为主料,精纯齐整的野鸭菜式构成了大气而完备的筵宴格局。

在原料的取用上,本席以洪湖驯养野鸭为主体,辅以莲藕、莲子、红菱、笋尖、藕粉等特色食材。作为国家农产品地理标志的洪湖野鸭,不但丰腴肥美、肉质细腻、鲜香味醇,还具有显著的疗疾健身功效。例如本席的虫草老雄鸭,即是选用雄性的老野鸭,配以冬虫夏草,蒸炖而成。本品可滋肝养肾、补虚暖胃、增强体质、抵御疾病,对气血两亏、病后体弱、食欲不振、精神疲倦者具有独到的功效。

在菜品加工工艺方面,洪湖的厨艺高手对于野鸭的制作有其独特要领:一是初加工时注意鸭身完整,适时除掉含有异味的尾脂腺;二是多用姜、葱、蒜、绍酒、川椒和花椒等辛香调料压抑异味,突出野鸭特有的鲜香;三是注意调控火候,务求野鸭肉质酥烂爽口。

"遍地野鸭和菱藕,秋收满畈稻谷香,人人都说天堂美,怎比我洪湖鱼米乡"。勤劳朴实的洪湖人民通过各式野鸭全席,将当地的物产资源发挥到了极致。

六、湖北钟祥长寿宴

湖北省钟祥市是中国历史文化名城、世界长寿之乡、楚文化的重要发祥地。其历史文化底蕴深厚,地方饮膳特色鲜明。

湖北钟祥长寿宴,是指流行于湖北钟祥及其周边地区,按照当地宴饮礼仪和审美观念编制,具有长寿养生功效的民俗风情宴。此类筵宴有别于常规的寿庆宴,意在展现钟祥长寿养生文化,突出民俗饮膳风情。

钟祥长寿养生文化是一种源于湖北钟祥地区,因为楚文化的滋养、尚礼文化的传承、孝道文化的弘扬、长寿理念的积淀、养生理论的熏陶而形成的地方饮食文化,它与"钟聚祥瑞"的历史文化、"养生山水"的旅游文化密不可分。为使钟祥长寿宴既突出养生功效又体现文化内涵,钟祥餐饮界常以当地的长寿物产为食物资源,运用历代传承的菜点制作技艺,根据当地的宴饮习俗和健康饮食理念,精心设计与制作各式特色风味筵宴。

第一，养生食材品质优良。湖北钟祥是全国小康建设百强县市之一，物产丰饶，长寿养生物产口碑良佳。其著名的养生物产有产自大洪山的"亚洲人参"——野生葛根和葛粉；口感滑润、柔软香糯的钟祥长寿米（曾被列为皇室贡品）；具有保健、抗癌等食疗保健功效的"八月炸"水果；被嘉靖皇帝列为"贡茶"的钟祥云雾茶；"中国豆腐之乡"石牌镇的石牌豆腐等。此外，张集香菇、客店黑木耳、香熏肉、橡粉、板栗、保健滋补酒及地方干菜、泡菜、酸菜、砂梨等产品，也极具食疗保健功效，经常应用于长寿养生宴中。

第二，养生菜品品类齐全。钟祥长寿宴的冷菜通常选取当地的畜禽、水产、豆制品、蔬菜等原生态食材，运用多种技法制成，精美细致。用之于长寿宴的热菜主要有蟠龙菜、三元蹄髈、喜沙肉、绣球鸡、凤凰香菇、鱼茸卷、金砂鳝鱼、四喜红肉、沙罐蹄花、香酥油卷、凤凰扒窝、腰带鳜鱼、锅贴鱼、生炝虾、石牌豆制品菜等，品类丰繁，养生效果明显。在筵席点心、主食方面，长滩焦切、葛粉饼、橡粉饼、米茶、邵妞子酥饼、张集酥粑粑、城河红枣糯米粥、丰乐河陀螺包等，颇具地方特色。水果则是选用"农谷"的绿色时令水果，如官庄湖西瓜、旧口砂梨、"八月炸"等。此外，饮品常选金文峰酒、金龙泉啤酒、客店云雾茶、张集响水茶和"三匹罐"茶等。

第三，养生筵宴饮膳特色鲜明。钟祥长寿养生宴选料严谨，组配巧妙，精于烹制调理，养生功效显著。它有以郢中为代表的城区派、以石牌为代表的靠江派、以胡集为代表的矿山派、以客店为代表的山林派、以长滩为代表的丘陵派等风味流派。爆炒菜鲜嫩爽口，不失其色；炸制菜酥松泡脆，不失其香；蒸制菜鲜滚软烂，不失其味；烧扒菜酥烂脱骨，不失其形。

第四，筵宴菜品命名雅致。钟祥长寿养生宴的菜品命名既直观明了，又工巧含蓄。例如蟠龙菜、喜沙肉、金砂鳝鱼、砂罐蹄花、香酥油卷等朴素明朗的菜名，均能反映菜品的概况；钟聚祥瑞、凤鸣楚郢、松鹤延年、阳春烟树、寿星罗汉等吉祥典雅的菜名，均能烘托筵宴的意境。

第五，筵席文化内涵深厚。钟祥长寿养生宴集养生、赏景、文化于一体，形

荆楚风味筵席设计

成了独具特色的钟祥饮食养生文化。它与楚文化、明代帝王文化、山水旅游文化等相结合,派生出具有自身特色的钟祥长寿养生筵宴文化。例如该地推出的千年楚风宴、大明帝王宴、钟祥美景宴等系列主题筵席,即是以钟祥长寿养生筵宴文化为基石,按照当地的宴饮习俗和饮膳特色设计与制作而成,文化底蕴深厚、耐人寻味。

下面是一份钟祥"千年楚风"长寿宴菜单。

钟祥"千年楚风"长寿宴菜单

类型	菜品名称		菜品概况
	寓意命名	写实命名	
冷菜	凤鸣楚郢	楚风彩拼	以卤牛肉、卤豆腐干、香菇、火腿、蛋卷、卤鸡等凉菜拼制而成。形态逼真、色泽美观
热菜	武王逐鹰	胡集烧鸭	选取胡集土鸭烧制而成。以鸭喻鹰,可搭配武王形象食雕盘饰
	阳春烟树	一品豆腐	选用石牌嫩豆腐精制而成,辅以九里冈生态牛肉。盘饰辅以假山造型,形态整齐美观
	白雪晴岚	雪枣肉	选用罗汉寺土猪五花肉,辅以豆沙、蛋清精制而成。装盘辅以楼阁食雕造型
	兰台午风	钟祥楚糕	选取汉江鲜鱼制成鱼糕。做成扇面的形象,以喻文风。相传此菜与楚庄王有关
	嘉靖中兴	蟠龙菜	瘦猪肉和鱼肉制茸,肥膘肉切丝,制馅。蛋皮包馅卷筒,蒸熟,装盘成龙形。此菜系嘉靖皇帝从钟祥赴京即位时的途中食品
	胥台振彩	金砂鳝鱼	以鳝鱼为主料,黏玉米粉蒸制而成,色泽金黄。相传此菜与伍子胥有关
	莫愁古渡	荷湖小炒	以莫愁湖所产的鲜鱼制成小鱼圆、与虾仁、莲子、菱角、红辣椒一同炒制,盛入嫩藕雕成的小船即可

续表

类型	菜品名称		菜品概况
	寓意命名	写实命名	
汤菜	龟鹤仙池	龟鹤延年汤	当地野生乌龟与江汉土母鸡煨制而成。汤醇味鲜,滋阴益气。辅以桥型食雕盘饰
点心	仙洞奇观	养生葛粉饼	取野生葛根粉制作,辅以干橡子、青葛叶盘饰。具有食疗保健功效

（附:餐前送客店云雾茶或张集响水茶;餐后送长寿米饭、米茶等）

随着鄂西生态文化旅游圈的建设,湖北钟祥抢抓机遇,拉长旅游产业链条,打造"食、住、行、游、购、娱"一条龙产业体系。适时推出此类长寿养生宴,有助于带动当地旅游产业的发展,能对当地特色农产品、旅游资源、养生文化起到较好的宣传和推广作用。特别是在我国逐渐步入老龄化社会的当下,此类筵宴的研发与推广,能为全国长寿养生文化的研究奠定基础。

七、鄂东庆典大围席

自宋代至明清,在湖北东部的罗田、麻城、红安、黄冈、黄州、黄梅等地,每逢科举及第或是婚寿喜庆等盛大庆典,当地居民常设大型围宴以示庆贺。这一传承千载的大型筵宴共设8组菜式,每组8道菜品,因席面宏大,兼取"八八大发"之寓意,故称"大围席"。

鄂东地区举办的"大围席",正式而且庄重。庆典之前,主人要为人、财、物、事筹划多时。多在院坝内搭设帐蓬,摆放桌椅,聘请本地名厨主理,在家族及亲友中选用专人采买、跑堂、接待与服务,还有锣鼓唢呐乐队以及舞龙、舞狮或相关戏班的艺人助兴。客至,放鞭奏乐,主人迎候,拱手揖让,奉茶安座。客齐开席,先上"花盘"。如婚宴,便用红花月饼寓意"花好月圆";如寿宴,则用长生果表示"长生不老";如学子登科,就用如意三圆象征"三元及第"。接着,按照流水席的格局,依次排上八八六十四道肴馔,席终多用面塑的龙、凤、鱼、鸡寄寓

"龙凤呈祥"、"鱼跃龙门"、"凤栖梧桐"等祝愿。宴饮的最后,主人及族人列队欢送嘉宾。

下面是一份流行于清代的鄂东大围席菜单,收载于《中国筵席宴会大典》,可供鉴赏。

"第一道:八鲜果(梨子、苹果、鲜桃、艳李、西瓜、甜柿、荸荠、板栗)。

第二道:八点心(港饼、麻片、酥糖、麻圆、素包、烧梅、蛋糕、春卷)。

第三道:八甜食(莲子汤、糖心蛋、百合汤、糖粟米、八宝饭、糯米汤圆、糯米甜酒、烩果三鲜)。

第四道:八凉菜(卤猪耳、卤猪舌、卤牛肚、卤牛肉、卤鸡爪、卤鸭脯、拌三样、咸鸭蛋)。

第五道:八大菜(如意肉糕、水晶圆子、佛手鳜鱼、油焖全鸡、酱汁肉块、双色鱼糕、樱桃红肉、氽爆文武肉)。

第六道:四山珍(松鼠山鸡、春笋鹿脯、爆炒兔肉、烩野什锦);四海味(烂鸡鱼翅、蝴蝶海参、清蒸海鲜、玻璃鱿鱼)。

第七道:四饭点(白米饭、雪糍粑、千层饼、银丝油面);四饭菜(炒白菜心、香椿炒蛋、雪花豆腐、香菇粉丝汤)。

第八道:四茶点(蜂糕、花生、瓜子、杏仁);两消食果碟(话梅、陈皮);两看盘(面塑的龙、凤、鸡、鱼之类)。"

筵席说明:鄂东地区的这种"大围席"是当地民众最为追捧的地方特色筵宴之一,其主要特色是按照当地民众的风俗习惯和饮食爱好设置酒宴,大多取用当地物产,安排地方风味名菜,聘请当地名厨登门制作,并按当地的宴客方式由家族成员从事宴饮接待与服务。此类筵宴虽然气氛热烈,传承久远,但其接待规格过高、菜品数目过多、礼节仪程过繁、浪费现象严重等弊端也很明显。这种以多取胜的喜庆酒宴,反映出当地民众虔诚待客、以丰为敬的消费观念。一些家境殷实的乡绅大户,如逢重大喜庆,经常推出此类围宴;部分普通居民,因为社会风气所迫,或因其他原因,也争相仿效。

继大围席之后,鄂东民间还流行着一种小型围宴,其筵席菜品也分8组,每组4道,共计32道。因接待仪程不变,但菜品总数减半,故称"半围席"。

下面是一份民国年间流行于鄂东地区的半围席菜单,可供赏析。

第一组:四鲜果(苹果、鲜桃、艳李、西瓜)

第二组:四点心(麻圆、酥糖、港饼、烧梅)

第三组:四甜食(莲子汤、糯米酒、糖粟米、蜜甜枣)

第四组:四凉菜(香干顺风、皮蛋豆腐、香菜牛肉、椒麻鸭掌)

第五组:四大菜(如意肉糕、油焖全鸡、清蒸樊鳊、排骨藕汤)

第六组:四珍味(黄焖甲鱼、鸡茸鱼肚、鄂南石鸡、春笋山鸡)

第七组:四饭点(白米饭、绿豆糕、千层饼、银丝面)

第八组:四饮品(龟山茶、鲜橙汁、甜豆奶、桂花酒)

筵席说明:民国年间的这种"半围席"较之先前的大围席,虽然接待风范、宴客仪程及酒宴格局变化不大,但其肴馔数量减少,制作工艺更新,菜品组配较为合理,它印证了鄂东庆典围席的重大变革。

随着时代的发展与进步,如今设置庆典围席,鄂东居民传承了真诚朴实的宴客食风,保留了欢快祥和的喜庆气氛,摒弃了以量取胜的传统观念,更加注重合理配膳。下面是一份近年来流行于鄂东地区的秋令小型围席,其清新亮丽的个性、朴实大方的风格令人欣喜。

四凉菜:巴河泡藕带、五香葱油鸭、香菜拌牛肉、冰糖渍香莲

六热菜:珍珠扒牛掌、三鲜蒸鱼糕、板栗烧仔鸡、黄州东坡肉、酥炸红苕圆、清蒸大白鲷

二汤菜:莲枣银耳汤、虫草炖老鸭

二主食:黄州蒸烧梅、麻城银丝面

一水果:鄂东时果拼

一香茗:龟山毛峰茶

八、麻城三道面饭席

麻城三道面饭席是麻城等地的民俗风情酒宴,因以三道面饭(烧卖、汤面饺、发糕)为纲,依次组合全席菜品而得名。三道面饭席起源于清朝中期,为麻城籍的宫廷太监由京城传回家乡。初期的三道面饭席主要是殷实家庭结婚谢媒或为老人祝寿所用。后来,经过不断交流、探讨、简化与创新,终使三道面饭席逐步结合了麻城本地的饮食风尚,并在鄂东民间广为流传。

麻城三道面饭席的菜单有多种版本,下面是收载于《中国筵席宴会大典》的一份经典菜单。

第一道面饭:烧卖

四围盘:糖醋排骨、眉毛腰花、香菇腐竹、冰糖莲子

三大菜:鲜鱼海参肉糕、鱿鱼细小炒、干煎大白鲷

第二道面饭:汤面饺

四围盘:煨卤口条、酸辣顺风、香肠花片、蘑菇凤翅

三大菜:油炸扣肉、红烧羊肉、大包心鱼丸

第三道面饭:发糕

四围盘:凉拌细肚、糖醋油虾、串烤肉片、蜜渍莲藕

三大菜:烧全鱼、蓑衣肉丸、清炖整鸡

筵席说明:整桌菜品共计24道,格式破除常规,不是按凉菜—热菜—面点的通例编排,而是由面饭带领围盘与大菜,分作3组依次推出,而且每吃完一组食品(8道菜点)就离席休息片刻,服务人员送上热毛巾和茶水,三五聚谈,然后重新入席,开怀畅饮,如是者三。它借鉴了满汉全席的某些仪礼,程序别开生面。

现如今,年老的师傅已大部分离岗或去世,年轻的厨师很少有人去钻研及传承此项技艺。因此,麻城三道面饭席的制作技艺、接待礼俗及宴客仪程濒临失传。

九、襄阳五福六寿席

襄阳五福六寿席,即当地民间的风情寿庆宴。它分两次宴客:生日前一天为暖寿,晚上宴客,吃长寿面。生日当天为正式宴请,午间举行。暖寿的席面除荤素碟外,通常安排正菜八至九道,有八仙庆寿或九九长寿之寓意。正生的酒宴更为讲究,宴前要摆茶食,包括茶饮、寿饼、寿桃等,正席必需设置正菜十一道,通常按照五盘六碗的格局来排列,名曰"五福六寿席"。

下面是一份襄阳五福六寿席(正生席面)菜单,可供赏析。

茶食:仙人茶、银耳汤、福寿桃、玉带糕

冷菜:五福盘

热菜:全家福、蒸凤鸡、笋焖鸭、扣蒸鳝、焖野兔、珍珠圆、清蒸鱼、炒木耳、红扣肘、蒸菱角、鱼圆汤

点心:桂花饼、长寿面

襄阳五福六寿席风味特色如下:

第一,食物原料主要取自当地农林牧渔等物产,品种繁多,物美价廉。在食材的组配上,讲究鲜陈搭配、荤素结合,既注重秉承古风,又强调膳食营养。特别是运用腌、熏、腊、焙、晾、晒等古法制成的食品,如腊肉、腊蹄、风鱼、风鸡、香菌、木耳、干扁豆、干豇豆、梅干菜、大头菜、豆豉、竹笋等,彰显了地方风味特色。

第二,烹制技法以蒸、扣为主,兼及炒、烩、烧、焖、炸、煨等;主要炊具是土灶、大锅和蒸笼;餐具是碗、盘交错其间;多数菜肴预制好后码碗入笼保温,开席时随用随取,方便快捷。这些制作技法讲究原料形整,彰显大器,加热时间较长,重视菜肴的原汁原味。除添加适量香辛料外,绝不添加任何增鲜剂。

第三,筵席菜品具有鄂菜鲜香咸辣的特点,咸度介于北方菜与南方菜之间,辣味程度低于川菜、湘菜,高于鲁菜、京菜。其常见品种有三镶盘、夹沙肉、襄阳缠蹄、红烧蹄髈、糖醋白菜、清蒸槎头鳊、干炒仔鸡、酱猪大骨、酱爆肉、香菇炖土鸡、干笋烧五花肉、腊蹄煨萝卜、银杏炒鱼丁、腊肉烧鳝鱼、板栗烧仔鸡、大头菜

焖肉、马齿苋蒸肉、蜜枣汁羊肉、桂花韭黄等;特色小吃有樊城拔刀、陶记金刚酥、牛杂面、酥红薯丁、缠丝饼等。

第四,襄阳的民俗风情宴调制科学,组配巧妙。特别是菜点小吃的搭配,如胡辣汤配烧饼、牛杂碎汤配锅奎馍、酸浆面配灌汤包、窝子面配水煎包等,极具地方特色。

十、咸宁四分八吃席

湖北省咸宁地区婚寿喜庆,主家习惯于采用来料加工的形式置办这类大众化的便席。此席通常安排12道菜品(4分菜、8吃菜),8人一桌,每人自带饭盒或搪瓷大杯。开宴后先上4分菜,通常是麦酱宝塔肉、油炸三鲜圆、干烧酱鸭块、糖醋瓦块鱼等;均由鸡鸭鱼肉的正料制成,每盘32大块,客人从每盘中各取4块置于自带的食器中,带回家中分享,意谓"纳福散喜"。接着上8吃菜,如干菜红烧肉、什锦杂合菜、脆炸小鲫鱼、烧烩猪下水、猪血烧豆腐、干笋炒肉丝、排骨煨莲藕、猪肠炖萝卜之类,用鸡鸭鱼肉次料制成,赴宴者当场享用,饮上几杯酒水,名曰"香辣现吃"。这种"请一人,吃全家"的筵宴形式,主客两便,在咸宁地区已经流行数百年。

咸宁四分八吃席菜单

四分菜:

  咸宁蒸肉圆   麦酱卤猪手

  酥炸瓦块鱼   椒盐炸鸡块

八热吃:

  海参烩什锦   香干猪头肉

  蒜苗烧鳝乔   香菇蒸鸡杂

  冬笋焖老鸭   豆酱烧鱼块

  蒜蓉炒苋菜   莲藕猪骨汤

十一、襄郧山珍野味席

在湖北餐饮行业里,襄郧一带,通常泛指襄阳、郧阳、十堰、神农架及其周边地区。这里山川众多,林木茂盛,物产丰富,尤以山野资源充沛而著称。当地著名的特产食材有:武当山猴头菇、神农架香菇、房县黑木耳、竹溪养殖娃娃鱼、郧阳山笋、房县燕耳、郧县蜜枣、鄂西斑鸠、郧阳口蘑、襄郧野兔、襄阳野鸡、竹溪龙峰茶、大洪山葛根、清江野生乌龟、鄂西野猪等。这众多的山珍野味,常与当地的家畜家禽、蔬果粮豆配用,用以款待珍贵的客人。

下面是襄郧地区的山珍野味席菜单,可供赏析。

襄郧山珍野味席菜单

郧阳三镶盘(香卤野鸡胗、泡菜野猪肚、襄阳缠蹄拼盘)

砂钵焖大鲵(竹溪养殖娃娃鱼使用砂钵焖制)

口蘑扣斑鸠(鄂西斑鸠腌渍、油炸、扣蒸至透味,辅以郧阳口蘑)

冬笋野鸡脯(山笋嫩尖辅以襄郧野鸡脯肉片滑炒)

时蔬扒野兔(襄郧野兔焖扒至酥烂脱骨,辅以时蔬)

香烤野猪排(鄂西野猪排熏烤后,佐以椒盐味碟)

燕耳莲枣羹(房县燕耳、郧阳蜜枣、莲子炖制)

凤翅扒猴头(主料为襄阳三黄鸡翅、武当山猴头菇)

房县烩三菇(房县花菇、草菇和猴头菇用鲜鸡汤烩成)

虫草炖金龟(郧阳野生乌龟配以冬虫夏草煨炖)

葛粉白鱼面(清江白鱼、大洪山葛根粉及面粉制鱼面,用鸡汤煮成)

竹溪龙峰茶(湖北特产竹溪龙峰茶沏泡)

本筵席主要特色有四:一是地方名特物产众多,主要由鄂西的山野食材所组成,风格迥然;二是筵席菜品程式井然,组配合理,具备襄郧饮食的地方饮膳风情;三是菜品制作以蒸、煨、烧、焖、炸、扒、卤、拌为主体,工艺丰富擅变,充分彰显了各式野味的天生丽质;四是筵席菜品短小精悍,区区十道主菜,却充分展示了鄂西山地山珍野味席的神韵。

十二、土家族人赶年宴

土家人过年,又称"过赶年"。这是土家族人最隆重且持续时间最长的节日,从腊月二十三过小年开始,直到正月十五才结束。

为了在过年这天吃上团年饭,土家人往往会提前精心准备,为来年的吉祥如意而抢年。团年饭主要由家里的女人来负责,待年饭办成后,男人则要拿着香纸、蜡烛以及鱼肉、粑粑、豆腐等饭菜去敬八部大神、土地神等各种保护神,最后回到堂屋里敬祖先。祭祀完毕后,方可按照辈分高低和年龄大小入座吃团年饭。

土家人的团年饭不尚奢华,流风远播。所用菜品主要有:竹笋焖牛腩、干菜粉蒸肉、煮合菜、酸菜鱼片汤、虾米肉丝汤、泡生姜炒腊肉、腌鸭蛋、烟熏鱼块、大蒜炒灌肠、青椒炒牛肚、笋干蒸猪脚、豆豉腊猪头、腊肉焖莲藕、蒸糯米扣肉、炖猪蹄、炒回锅肉、腊肉丁子蒸蒸菜、玉米粉子煎腊肉粑粑、甑子饭、豆饭、粑粑和团馓等。

土家族人团年饭虽因经济状况不同而有所差异,但是每家必用甑子饭、蒸肉和煮合菜。蒸甑子饭时,甑子下层一般蒸的是大米饭,上层是用小米或米粉子裹的坨坨肉。甑子饭一定要蒸得很多,一般需要从过年那天一直吃到正月十五。合菜,又称"贺菜",就是将肉丝、萝卜丝、白菜、粉丝、猪杂等放在一起煮着吃,既取全家合乐、万事合顺之意,又祝贺土家祖先古时候在过年这天打了胜仗。

土家人吃团年饭也相当讲究:第一,家庭成员必须到齐,全家团团圆圆、和和美美地聚餐。第二,所有人必须同时入席,待长辈放完团年鞭炮,祈求来年平安之后,团年饭才正式开始。第三,土家有一种"抢"着团年的习俗,看谁家的鞭炮放得响,年饭吃得早。这与本民族的历史沿革、生产方式、宗教习俗及饮食文化密切相关。

十三、恩施十碗八扣席

十碗八扣席是土家人红白喜事、节日庆典、款待贵宾时置办的传统盛筵,因筵席的十碗菜中有八碗是扣菜而得名。

十碗八扣席中第一碗是"头子碗",肉糕垫粉条和黄花,这是不用盖碗的。最后一碗是虾米肉丝汤。其余八碗均先用盖碗(比大碗小)在碗内涂上油,将食物、佐料放进,上格子笼蒸熟,然后以大碗扣上反转过来,拆去盖碗,其菜形制一样,表面光滑。

下面是恩施土家族居民节庆欢饮、尊客敬老常用的一套筵席菜品,其主要食材及风味特色如下:

序号	菜品名称	主要食材	风味特色
第一碗	土家鲜肉糕	肉糕、粉条、黄花菜	鲜香滑嫩,醇厚适口
第二碗	千张鱿鱼丝	鱿鱼、千张、肥瘦肉丝	咸鲜香辣,色泽和谐
第三碗	香菇扣蒸鸡	土鸡、香菇	鲜香味醇,骨酥肉烂
第四碗	笋干蒸猪脚	猪脚、笋干	咸鲜香辣,肥而不腻
第五碗	粉蒸五花肉	猪五花肉、米粉、山药	鲜香粉嫩,滚烂醇和
第六碗	土家扣蒸肉	猪五花肉、梅干菜、豆豉	咸鲜香辣,酥嫩不腻
第七碗	米辣子扣河鱼	酸黄豆辣子、小河鱼鲜	酸辣味醇,鱼肉细嫩
第八碗	凤头姜扒羊排	羊排、凤头姜、大蒜头	鲜咸辛辣,酥烂脱骨
第九碗	土家蒸社饭	腊豆干、腊肉干、糯米	芳香味鲜,松软可口
第十碗	虾米肉丝汤	瘦肉丝、虾米、莼菜	滋味鲜香,肉丝滑嫩

筵席说明:恩施十碗八扣席的筵宴格局及菜品排列方式极具土家民族特色。十碗菜陈列在大方桌上,或摆"四角扒爪",或摆"三元及第"。除十碗菜以外,还要配腌菜碟两个,为客人解酒解腻。

第一二道菜是贺菜,取"恭贺"之意,须放在餐桌正中。上第一碗菜时,端大盘子的人高喊一声"大炮手——",长长的拖腔直到席前,随之鸣炮,响匠(鼓乐手)吹起欢快的"菜调子",主人要请全体客人用酒。推出第二碗菜时,端大盘子的人高喊"顺——","菜调子"又吹起。第三道菜是鸡菜,放在头两道菜的上方中间;第四道菜是猪蹄,放在头两道菜的下方中间;第五道菜是蒸肉,这是上席菜,上菜时托盘的人要高声叫喊"五碗菜——",主人要四处给客人敬酒。第六道菜是扣肉,属下席菜;第七道菜上鱼,属上席菜,这叫"鸡肉鱼,坐上席"。第八道菜上羊肉菜(或鸭菜、野味),这是下席菜。第九、十道菜,是素菜、主食或汤菜等。上第十道菜时,托盘的人喊一声"齐——"后,响匠便吹"下席调",宣布筵席菜品上齐,宴饮即将结束。

土家十碗八扣席以家畜家禽及当地山野资源为主体,注重荤素物料的合理搭配,蒸扣菜式是其主流。例如制作肉糕,必须先用和菜垫底。和菜是用香菌、木耳、粉条、黄花菜等多种原料爆炒拌和而成,用头子碗装满呈凸型,和菜上面放肉糕。肉糕是用猪肉茸、鱼茸、糯料粉子加佐料拌和成糊状,放入蒸笼格子里摸平,先蒸至定型,糊上一层生鸡蛋,再蒸熟后切成长方形块,用十六条按四方形摆满和菜凸显部分,最后入笼蒸至滚熟以后,淋上鲜汤即成。

第七章 荆楚风味筵席创新设计研究

荆楚风味筵席的改革与创新,是现代餐饮发展的客观要求和必然趋势。本章试图通过总结楚国宫廷仿古宴创新设计研究、节约型鄂式筵席创新设计研究、荆楚风味自助餐宴会设计研究及湖北餐饮业筵席创新实践研究,探究荆楚风味筵席的改革原则及创新途径。

第一节 荆楚风味筵席改革与创新研究

作为荆楚民众交往应酬的重要工具,荆楚风味筵席虽然特色鲜明,适应面广,但仍有很多不足之处。唯有合理革新,才能使之茁壮成长。

一、荆楚风味筵席现存的基本问题

与其他中式风味筵席一样,荆楚风味筵席虽然组配严谨、调理精细、注重环境气氛、强调礼俗食趣,但存有选料崇尚珍奇、排菜缺乏新意、菜品数量过多、宴饮时间太长、进餐方式落后、忽视营养卫生等基本问题,必须予以改革。

(一)贪图丰盛

楚地人请客设宴习惯于以丰为敬,笑穷不笑奢。满桌佳肴,即使吃不完浪费,也不以为耻;如果恰到好处,反被视为不敬,甚至会遭到嘲讽。人们常将待客的诚恳、友谊的分量与菜点的数量联系起来。筵席的菜点越丰盛,越能显示交情深厚,越能表达主人待客盛情。有些贫困的家庭,平时节衣缩食,省吃俭用,一旦请客设宴,竟然全都叠碗摞盘,不倾其所有,则难以彰显其盛情。少数高档的筵席,动辄三五十道菜品,肴馔横陈,丰而不洁,吃不完的全部倒掉,竟毫不可惜!

(二)崇尚珍奇

湖北人设宴待客既看重菜品的数量,又注重肴馔的规格。正式的宴会,强调选用山珍海味、奇珍异馔,越是稀有怪异的食材,越能迎合宾主的意愿;普通的家宴,通常也是"大鱼大肉"的排菜格局,不安排适量的珍贵食材,恐难提升接待的档次。由于崇尚珍奇的观念根深蒂固,筵席的设计与制作者只能编排雕琢、选料猎异。至于合理营养、平衡膳食的理念,人们似乎不太关注。

(三)礼节仪程烦琐

自明清以来,荆楚风味筵席实行的是多人围坐聚餐的就餐方式。同桌的客人都在一个盘子中夹菜,在一个汤碗中盛汤。主人用自己的筷子替客人夹菜、宾客之间用筷子互相让菜等现象,一直相沿成习。关于宴饮的礼节与仪程,仅安排席位时的相互谦让,前后就要折腾多时;至于上菜、用餐、敬酒、饮茶之类,更是礼节仪程繁多。一般的宴饮聚餐,少则一两个小时,多则三四个小时。宴会的级别越高,就餐的礼节仪程越多,时间上的浪费越是惊人。

(四)排菜缺乏新意

荆楚同一地区,筵席用料、风味、数量,乃至上菜顺序等大多如出一辙。荆楚筵席这种规格化的餐饮模式已传承多年,相沿成习,不能满足人们日益丰富的生活需求。

二、荆楚风味筵席的发展趋势

随着社会的不断进步,现代餐饮正向着多样化、个性化、快速化、国际化、科学化、节俭化的方向发展。荆楚风味筵席只有顺应这些发展趋势,实施合理的革新,才会焕发生机与活力。

（一）营养化趋势

科学的餐饮设计,应着重强调食品的膳食结构,注重菜品酒水的营养平衡。现代筵宴提倡根据就餐者的人数及实际需求进行餐饮设计,要求用料广博,荤素调剂,营养搭配全面,菜点组配科学。荆楚风味筵席新的导向是:正式宴请时,宴会席的主菜人均一道;简易招待时,便餐席的主菜定为"四菜一汤",基本能够满足人们对一餐饭菜的营养需求。

（二）美食化趋势

美食是筵席高度文明的表现。荆楚风味筵席的美食化趋势主要表现为质地美、滋味美、形态美、色彩美、盛器美和意境美。它可满足宾客的生理和心理需求,实现一定的社交目的,使饮食成为生活中的艺术享受。

（三）快速化趋势

荆楚风味筵席的快速化趋势,是指更多地采用集约化生产方式,缩短菜点的烹调时间。此外,菜式结构要合理、接待仪程要便捷、就餐时间要简短,这些都是餐饮快速化的具体表现。

（四）节俭化趋势

餐饮节俭化趋势,主要指荆楚风味筵席要提倡适度消费,反对铺张浪费,树立良好的饮食风尚。荆楚风味筵席的规格应以中低档次为主,切不可过度奢华,专为少数人服务。

（五）饮食文化发展趋势

荆楚饮食文化是指荆楚民众在饮食产品的生产与消费过程中创造并积累的物质财富和精神财富;它是荆楚民众凝聚力和创造力的源泉,是湖北经济社会发展的支撑。准确把握荆楚饮食文化发展的新趋势,已是当地民众的精神文化生活新期待。

（六）内容与功能的多元化趋势

餐饮内容与功能的多元化趋势,一是指现代餐饮将成为一种综合的社交活动;荆楚风味筵席不仅是品尝美食的平台,更是促使交流与沟通顺畅的媒介。二是指现代餐饮的发展具有国际化趋势。荆楚风味筵席不能闭关自守,应该与国际标准接轨,这既是宾客消费的需求,更是市场发展的规律。

三、荆楚风味筵席革新的对策

(一)荆楚风味筵席的改革原则

现代餐饮的发展趋势,客观上要求对荆楚风味筵席进行改革与创新。革新传统的荆楚风味筵席,不应全盘否定,只能是在借鉴中扬弃,在继承中创新。第一,改革不能失去荆楚风味筵席的本质特征,要注意风格的统一性、工艺的丰富性、配菜的科学性、形式的典雅性和接待的礼仪性。第二,要兼顾湖北本地的饮食传统和礼仪观念,使荆楚风味筵席具有一定规格和气氛,能显示待客的真诚和友情的分量。第三,必须考虑市场上的荆楚风味筵席所具有的商品属性。挥霍公款应当严格限制,私人宴请则只能加以引导。

关于筵席改革的总体原则,中国饮食文化专家陈光新教授曾撰文指出:荆楚风味筵席改革应根据湖北餐饮发展水平,结合荆楚民众的聚餐方式、宴饮礼仪和审美观念,顺应餐饮发展潮流,科学地指导与调整食物消费,切实保证营养卫生,注重实际效益,努力树立时代新风尚。具体地讲,应使荆楚风味筵席符合精、全、特、雅、省的要求。保留其鱼米之乡的饮馔风情,强化它的科学内涵和时代气息。

精,是指设计与制作荆楚风味筵席,既要适当控制菜点的数量与用料,防止堆盘叠碗的现象,又需改进烹制技艺,重视口味与质地,防止粗制滥造的流弊。

全,是要求用料广博,营养配伍全面,菜点组配合理。在原料择用、菜点配置和筵席格局上,都要符合平衡膳食的要求。

特,是指筵席要具有地方风情和民族特色;要灵活安排本地特色食材及名菜美点;要充分发挥技术专长,显示酒店独特的饮食风采。

雅,是指讲究卫生,注重礼仪,强化酒筵情趣,提高服务质量,体现中华民族饮食文化的风采,起到陶冶情操、净化心灵的作用。

省,一是强化管埋,控制成本,防止铺张浪费;二是简化酒宴仪程,缩短宴饮时间,既减少主办方支出,又节省就餐者时间。

(二)荆楚风味筵席的革新措施

关于荆楚风味筵席的改革与创新,应着力解决以下几方面的问题。

1. 减少菜品数目

提倡风格多样的筵席模式,减少菜品数量,提高菜品质量,缩短烹调和进餐时间,是荆楚风味筵席改革的一项重要内容。

2. 改革食物结构

注重烹饪原料的多样化和均衡化,降低动物性原料的用量比例,增加植物性食材的用量。此外,还可以通过增加点心数量、减少热菜数量、实行素菜荤做等办法,达到膳食营养均衡的目的。

3. 搞好技术创新

多在普通原料上下工夫,用低档原料制作出特色佳肴。加大对违规烹制禁用原料、使用公款高端消费的惩处力度。借鉴西餐理念,用自助餐或团体包餐等形式替代传统筵席;用创造性思维设计出更多更好的特色主题筵席。

4. 提高文化艺术含量

未来的荆楚风味筵席,要注重文化气氛的营造,使传统菜肴、精美食品与文化风情相互促进;要针对不同的主题进行环境包装、艺术渲染,营造一种有民族和地方特色的文化艺术氛围。

5. 突出筵席的个性化特色

目前,部分鄂式筵席缺乏品牌意识,无论是观色、品质、尝味、闻香还是赏形,都有很大的提升空间。至于菜单的设计、原料的选购、程序的安排、成本的控制、环境的布置、节奏的掌控等,只有增强设计者的创新意识,突出鄂式筵席的个性化特色,才能使之更具市场竞争力。

6. 革新筵席的就餐方式

进餐方式,可以采用每客一份的单上式,可以采用配置公筷的合餐制,还可采用听从客便的自选式。特别是分餐制的用餐方法,既控制菜量,减少浪费,卫生方便,节省时间,又有利于酒店实施规范化管理。

总之,荆楚风味筵席的改革与创新是时代的要求,也是历史的必然。筵席改革与创新的目的是弘扬传统筵席的优良特色,摈弃不科学、不合理的内容,将其引向健康发展的道路,使之更好地发展。

第二节　楚国宫廷仿古宴创新设计研究

楚国自立国到灭亡,前后800余年,历经四十多代君王。全盛时期的楚国北到黄河,东达东海,西至巴蜀,南抵岭南,帝王们凭借至高无上的地位和权势,役使天下名厨,聚敛四方美食,形成了豪奢精致的宫廷筵宴,代表着当时烹饪技艺的最高水平。

为保护本土非物质文化遗产,充实荆楚饮食文化内涵,我们研究楚国宫廷筵宴,创新设计楚宫仿古筵席,以期打造鄂式筵席品牌。

一、楚国宫廷宴探析

探究古典筵宴的饮食风貌,必须借助相关的历史文献与资料。湖北餐饮行业研讨与仿制楚国宫廷宴,多以《楚辞·招魂》和《楚辞·大招》中的饮食描述为蓝本。下面是《楚辞·招魂》记载的一份楚国宫廷筵席菜单,《中国筵席宴会大典》(陈光新编著)对其进行了整理与剖析。

主食:大米饭、小米饭、新麦饭、高粱饭;

菜肴:烧甲鱼、炖牛筋、烤羊羔、烹天鹅、扒肥雁、卤油鸡、烩野鸭、焖大龟;

点心:酥麻花、炸馓子、油煎饼、蜜糖糕;

饮料:冰甜酒、甘蔗汁、酸辣汤。

创意说明:"招魂"是人刚死时,亲属召唤亡灵复归肉体、企盼起死回生的一种古老仪式。楚怀王被骗到秦国后，久久不归，爱国诗人屈原思念故主，特写下《招魂》诗。该诗的第十二段，借用巫神的口气，极力描写上下四方的险恶，以及故乡的宫室、饮膳、音乐之美，盼望楚怀王能早早回到故国，励志图强。其中的饮膳部分便是一桌精美的楚宫祭祀宴。

本祭祀宴由主食、菜肴、点心和饮料4大部分食品所构成，所用原料以水鲜和野味为主，技法有烧、烤、煨、卤、炸、煎、烹多种，调味偏重于酸甜，带有鲜明的江汉平原鱼米之乡的饮馔气息。它不仅席面编排规整，注意到谷、果、蔬、畜的养助益充作用，配膳比较合理，而且烂熟的牛蹄筋、鲜香的羊羔肉、油亮的焖大龟、醇美的天鹅脯，都达到了较高的工艺水平。这一菜单反映了楚人的饮食审美风尚，是现代荆楚风味筵席的鼻祖，其基本格式至今仍在南北各地沿用。

关于楚宫祭筵，《楚辞·大招》还记有与此同时期的另一张筵席菜单。中国饮食文化专家陈光新教授在《楚文化与楚菜》（载于《中国烹饪研究》1989年第3期）一文中将其加以诠释整理，得到如下菜单：

"主食：大米饭、小米粥、麦饭、豆饭、麻籽羹、高粱饭、雕胡粥。

菜品：油酥鸡、炸黄莺、炖鹌鸠、烹天鹅、烤乌鸦、禾雀羹、烧大雁、蒸野鸭、煎鹌鹑、焖猪肉、烧狗肉、豺狼汤、煨大龟、煎鲫鱼、腌酸菜。

饮料：楚国奶酪、楚国清酒、吴地酸浆、吴地甜酿。"

创意说明：上述楚宫祭筵所列食品分作主食、菜品和饮料3大部分。主食列有五谷、雕胡和高粱，菜肴原料涉及家禽、野鸟、家畜、野兽、淡水鱼鲜及蔬菜，饮料则是4种地方名产。整桌筵席注意到了菜品与饮品的相互搭配、主食与菜肴的协调使用、烹饪原料的广泛取用和上菜顺序的合理衔接。三类食品间隔成组，分层递进，如同军阵一般排开，体现出2300多年前楚地筵宴的浓厚情韵。

除祭祀宴等正式筵宴之外，汉赋《七发》中还设有楚地宴单。例如，生病的"楚太子"就享用过小巧而精致的楚宫宴。陈光新教授在《荆菜的演化道路》（载于《中国烹饪研究》1995年第4期）一文中将其制作技艺和上菜程式加以整理描述如下：

荆楚风味筵席设计

"煮熟小牛腹部的嫩肉,调配鲜笋和蒲菜;用肥狗肉烧羹,盖上一层石花菜;熊掌炖得烂烂的,调点芍药酱;野兽的脊肉切得薄薄的,用小火慢慢烤着吃;取鲜活的大鲤鱼制鱼片,配上紫苏和白露时节的菜心;用兰花美酒宴客,再加上清炒锦鸡和红焖豹胎;最后请尝尝楚乡稻饭和雕胡珠米粥。"

"楚太子"的这一精宴,如果结合现代筵宴的设计要求进行研制编排,可得到如下席单:

鲜笋扒牛腩

石花狗肉煲

香烤鹿肉串

菜心烩鱼片

清炒锦鸡柳

砂钵焖豹胎

鸡汁煨熊掌

楚乡稻米饭

雕胡珠米粥

兰花醇美酒

说明:本席菜品虽然不多,但其原料筛选、荤素搭配、烹制工艺、品种衔接等都有独到之处,菜少而质精,席简而礼全,堪称荆楚风味便餐席的楷模。

二、楚宫仿古宴设计探析

为弘扬荆楚饮食文化,促进鄂菜快速健康发展,20世纪80年代中叶,在上级主管部门的引领下,湖北省烹饪协会大兴仿古菜(含仿古宴)的研究与开发,成立了以武汉商业服务学院陈光新教授为主持人的仿古宴研发团队。

当时仿古宴的研发主要有两种方向:一种是以历史文献、档案材料、古典名著记述和文物资料作依据,按照"古为今用,推陈出新"原则研制各式仿古宴,如楚国祭祀宴、仿楚宫廷宴等;另一种是以故事传闻、文学艺术素材、风物名胜等为依托,根据经营需要,运用创意手法研制各式仿古创新宴,如黄州东坡宴、襄阳隆中宴等。

仿楚宫廷宴的研制主要是以《楚辞·招魂》和《楚辞·大招》中的食谱为蓝本,仿照楚国宫廷礼仪与食风研制楚国宫廷宴。其研究内容主要包括仿楚宴的饮食文化研究、仿楚菜品研制与开发、楚宫筵席菜单设计、楚宫宴饮环境与设备设施研究、仿楚筵席市场营销与策划以及仿楚宴的品牌建设和文化传承等。

仿楚宫廷宴的菜单设计程式是:首先研究战国时期楚国的宫廷膳食和宴饮礼仪,依据历史文献、档案材料、古典名著记述和故事传闻、文学艺术素材等,列出各式楚宫菜品名称,熟悉其原料构成及制作方式;然后根据楚国宫廷的礼俗和食风,按照楚宫筵席的框架,对各种酱品、羹品、禽品、畜品、鱼品、兽品、蔬品、饮品、点心和主食进行分门别类;再结合现有条件,确立筵席菜品,排列菜单格式,形成筵席菜单;最后设计并装帧仿古宴菜单。

下面是湖北省烹饪协会仿古宴研发团队1992年春季设计的一份仿楚宫廷宴菜单,曾赢得湖北餐饮界的好评。

仿楚宫廷宴菜单

二饮品:奶酪　　　　清酒

二禽品:雏烧　　　　蒸兔

二酱品:蟹胥　　　　卵酱

二兽品:烹鹿　　　　炙兔

二点心:蜜饵　　　　糁食

二畜品:炮羔　　　　炮豚

二蔬品:莼菜　　　　苘蒿

二鱼品:臑鳖　　　　鲂蒸

二羹品:雉羹　　　　鹑羹

二主食:小米饭　　　豆米饭

创意说明:本仿楚宫廷宴菜品共计20道,分别由饮品、禽品、酱品、兽品、点心、畜品、蔬品、鱼品、羹品和主食10组食品所构成。其筵宴格局、上菜顺序和菜品命名虽与现今的酒筵相去甚远，但各种菜式的制作技法前后连贯。如"臑鳖"，可制成"酱烧甲鱼"，"鲂蒸"可制成"清蒸鳊鱼"，"雏烧"可制成"油焖仔鸡"，"炮羔"可制成"叉烧羊羔"。作为鄂式仿古筵席研究的首创，本宴为三国宴、东坡宴的研制提供了可资借鉴的蓝本。

为充分展现仿楚宫廷宴的风韵，该研发团队还对宴饮环境和设施设备等作出了如下要求：第一，餐室中铺地毯，上置皮垫，宾主席地而坐，背放靠几，用低案替代圆桌。第二，仕女着楚服，戴骨饰，插雉翎；卫士戎装，执兵器，环护四周。第三，餐室两厢置放配套编钟和鼓乐，开宴后奏楚国古乐，演出《编钟乐舞》片段。第四，餐具一律使用仿古餐具，可用金属、漆器、牙骨、竹木等材质制作。第五，菜式外形宜粗犷，不能过于雕琢，尽量保持其原始面目。

第三节　节约型鄂式筵席创新设计探析

节约型筵席，是指在设计、生产、营销及服务等各个环节中，节约和利用各种资源，以尽可能少的资源消耗来实现预期目标的筵宴。它以节约资源、提高效能为基本特征。

节约型鄂式筵席，作为荆楚风味筵席的主体，与奢华型鄂式筵席相对立，其主要特征表现为八个方面：一是资源利用充分；二是接待规格适度；三是筵宴结构小巧；四是工艺简捷大方；五是特色风味鲜明；六是服务仪程明快；七是就餐环境幽雅；八是深受荆楚民众欢迎。

设计与制作节约型鄂式筵席，既要熟悉荆楚筵席的饮膳风情、筵席设计的普遍规则，又要明晰奢华筵宴的危害、倡导餐饮节约的原因，还需把握节约型筵席设计的总体原则和具体要求。

第七章　荆楚风味筵席创新设计研究

一、倡导餐饮节约的原因

筵席,作为一种商品,其实质是餐饮行业按照顾客的饮食需求,为其设计与制作一整套菜品。由于注重饮宴形式,强调接待规范,兼具社交功能,因而筵席常被用作交往应酬的工具,影响着人们的思想和行为。

源自于荆楚大地的鄂式筵席,自古以来都以节约型筵宴为主体。改革开放以来,随着国民经济的快速发展,由于思想观念、宴饮习俗等的影响,不少人有意或无意地把传统筵席中不值称道的弊端推向了极致,讲排场、比阔气、贪多求大、奢侈浪费、崇尚珍奇、忽视营养。特别是少数公务宴请,滋生奢靡腐败之风,严重地败坏了社会风气,极大地影响了社会安定。

奢华筵宴的大量产生,源自多种因素,究其根本原因,主要是由于攀比心理作怪、形式主义盛行、认知存有误区、优良传统缺失及社会监管缺失所造成。只有大兴节俭之风,大力倡导餐饮节约,推出小巧、经济、便捷、实用的节约型筵席,才能使鄂式筵席焕发出新的生机与活力。

二、节约型鄂式筵席的设计要求

设计节约型鄂式筵席,其总体原则是根据湖北本地的饮食习俗、风味物产及筵宴风情,结合顾客饮食需求、酒宴接待标准、设宴季节特征、餐厅设施条件及厨师技术水平,以尽可能少的资源消耗来设计与生产各式筵宴,力争以最小的投入,取得最好的效益。

(一)加大监管力度,改变认识上的误区

设计节约型鄂式筵席,离不开全社会齐抓共管的良好氛围。大力倡导勤俭节约、艰苦朴素的生活作风,可从根本上让奢靡享乐之风失去生存的土壤。通过正确的舆论引导、合理的法规制度,形成社会监督机制,形成行业自律的市场新秩序。确立合理的社会消费模式,适时打击超额公务接待,可让节约型中餐筵席发挥其应有的社交作用。

(二)提高从业人员素质,夯实筵席设计基础

设计与制作节约型鄂式筵席,应强化合理膳食理论及营销管理策略的学习与应用,准确定位节约型鄂式筵宴,加强筵宴设计与制作的实操演练与归纳总结,提高从业人员的整体素质,为设计出更多更好的节约型筵宴夯实基础。

(三)简化传统筵席结构,节省人力、物力和财力

荆楚风味筵席节俭化趋势,要求筵席的菜式结构合理、菜品制作便捷、礼节仪程简省、就餐时间缩短。就菜式结构而言,凡正式宴请,宴会席主菜最好是人均一道;凡简易招待,便餐席的主菜可确定为"四菜一汤"。宾客宴饮聚餐,要结合当地实情,节省人力、物力和财力,提倡适度消费,反对铺张浪费。

(四)努力传承精品,注重锐意创新

设置节约型鄂式筵席,应鼓励和引导餐饮企业不拘一格,大胆创新。进一步提高特色食材在鄂式筵席中的比例,充分发挥鄂菜传统烹制工艺之所长,积极借鉴西式筵席格局,在接待规程、服务方式、环境布置、经营策略等方面做出更多的创新,形成一大批小巧、经济、便捷、实用的创新筵席,以满足不同层次的饮食需求。

(五)加强节约型鄂式筵席研发力度,提升筵宴质量水平

节约型鄂式筵席的研发要根据健康饮食要求,运用现代科技手段,体现荆楚饮膳风情;要按照顾客的社交目的和接待标准,提供个性化服务,凸显节约型筵席的文化品位,提升鄂式筵宴的整体水平。

三、节约型鄂式筵席赏析

为全面认识节约型鄂式筵席,现以郧西七夕婚庆宴设计为代表,对其设计背景与指导思想、标准化筵席菜单及筵席说明作如下分析。

1. 筵席设计背景

湖北郧西位于秦岭南麓、汉水北岸。郧西天河发源于秦岭南麓,全长69公

里,清浅幽婉,走向与银河一致,沿岸的几十个景点真实地再现了牛郎织女传说中的相关意境。优越的地理环境,富饶的物产资源,悠久的文化传承,造就了郧西秀美的自然风貌、独特的饮食风格。

在郧西天河之畔,自古就有七夕庆婚的淳朴风俗。2010年8月16日,首届中国(郧西)天河七夕文化节暨中国《牛郎织女》邮票首发式在湖北郧西县天河广场隆重举行。央视著名主持人李咏主持了开幕式文艺演出,众多的中外明星登台献艺,来自世界各地的113对新人举行了集体婚礼,众多媒体和记者参与了现场报道。文艺演出分龙凤呈祥、鹊桥相会、天河做证、地久天长、牵手郧西五个板块,凸显了"七夕在中国,天河在郧西"的节庆主题。

作为郧西天河七夕文化节的配套项目,当地的宾馆酒店按照郧西七夕文化节举办方的要求,设计与制作了规模盛大、便捷实惠的郧西七夕婚庆宴。

2. 筵席设计指导思想

郧西七夕婚庆宴主题为"七夕婚庆,天河作证"。具体的指导思想是:举办的宴会既要彰显郧西地方特色饮食,又要展示天河七夕文化艺术;既要符合主办方提出的"安全、喜庆、节俭、圆满"的节庆原则,又要体现节约型鄂式筵席的设计要求。全席设置菜品12道,每菜配一则七夕文化故事,供食客细细品味。

3. 标准化筵席菜单

郧西七夕婚庆宴菜单(2010年8月16日)

冷碟:鹊渡银桥(天河什锦拼)

热菜:男耕女织(凤翅扒牛腩)

纤手弄巧(茄汁熘鱼卷)

珠联璧合(青豆炒虾球)

吉祥如意(粉蒸盘龙鳝)

四喜临门(砂钵四喜丸)

满园生辉(荷塘炒四宝)

吉庆有余(清蒸槎头鳊)

座汤：美人浣纱（鸡汁氽鱼丸）

点心：穿针引线（银丝龙须面）

　　　早生贵子（枣桂莲蓉糕）

果拼：仙女散花（南国水果荟）

4. 筵席设计说明

本筵席是一款简约型郧西地方风味酒宴，每席售价 880 元。

第一，从筵宴结构上看，本席简洁明快，小巧实用。冷菜什锦拼盘仅 1 道，开席见彩。热菜共 8 道，量足质优，味醇而不杂，朴实中显高雅。点心、水果共 3 道，咸甜兼备，灵巧雅致。

第二，从食材选用上看，本筵席选用了郧巴黄牛、鄂西汉江鸡、天河青鱼、汉江槎头鳊、郧西山葡萄、郧西马头山羊、板桥豆腐干以及宜城大虾、随州蜜枣、房县黑木耳、襄郧缠蹄等多种地方特产，名品荟萃，物美价廉。

第三，从制作工艺上看，本筵席集多种烹调技法于一体，尤以蒸、煨、烧、扒、炒最具地方风情。为合理调控筵席成本，本席广取地方特产，特别注重食材的综合利用。例如汉江鸡除用以制作"凤翅扒牛腩"、"天河什锦拼"以外，余下的部分用以煨汤，烹制"鸡汁氽鱼丸"。

第四，从饮食文化内涵上看，本席将七夕文化与婚庆祝福融为一体，筵席菜品全用寓意法命名，吉祥典雅。每道菜品所对应的故事与"牛郎织女"的美丽传说紧密相连，扣人心弦。

第四节　荆楚风味自助宴会设计研究

自助餐，是一种源自西方的餐饮形式。其主要特征是，餐厅将备好的冷菜、热菜、点心、主食、水果及饮品等分别陈列在长台桌上，供顾客随意取食；顾客用餐时不受任何约束，或立或坐，随心所欲，想吃什么就取什么，想吃多少就取多少。这种新颖、直观、轻松、随意的餐饮形式不受传统桌餐礼仪的约束,既尊重了顾客的饮食需求,又降低了餐饮经营费用,所以深受广大民众的欢迎。

早期的自助餐主要用作餐前冷食,后来逐渐由便餐发展成正餐,以至各种主题自助餐宴会。现今的自助餐已发展得枝繁叶茂。按餐别分,有早餐自助餐、正餐自助餐、夜宵自助餐;按菜式风味分,有中式自助餐、西式自助餐、中西混合式自助餐;按供餐方式分,有便饭式自助餐、招待会式自助餐及商务宴会式自助餐;按餐饮主题分,有婚庆自助餐、寿庆自助餐、情人节自助餐、圣诞节自助餐等。

鄂式自助餐宴会源自辛亥革命以后,兴盛于20世纪90年代中期,它是一种流行于湖北大中城市,兼顾荆楚民众饮食嗜好,融汇鄂地物产资源的自助式宴会。笔者于1992年冬第一次在汉阳祈万顺酒楼银都娱乐城赏鉴自助餐宴会,颇感新奇。据粗略统计,湖北现今提供自助餐宴会的酒店,武汉69家,襄阳7家,荆州6家,宜昌6家,黄石4家,十堰3家,恩施土家族苗族自治州3家,甚至笔者供职的单位——武汉商学院的中餐也提供自助餐(便饭式自助餐)。

一、自助餐的特点

与零餐点菜、各式套餐及筵席宴会相比,自助餐的特点主要表现如下。

(一)就餐形式轻松随意

自助餐的就餐形式具有不排席位、自行服务、自由取食、随意攀谈等特点,客人可随心所欲地挑选食品,改变了传统的服务方式,解决了合餐制的饮食卫生问题,解决了传统餐饮众口难调等困惑,有利于客人进行社交活动,有利于餐饮企业降低经营成本。特别是人数较多、规模较大的自助餐,更有利于丰富菜式品种,最大限度地利用食品,用最少的人手实现最有效的服务。

(二)菜式品种多种多样

自助餐的菜品一般由冷菜、热菜、点心、主食、水果、饮品等组成,其数量的多少通常根据就餐人数、接待规格及自助餐风味等因素来决定,少者20~40

种,多者 100 多种。就餐人数越多,接待标准越高,则其食品越丰富。特别是一些大型的中西混合自助餐,其菜品由冷菜、沙律、热菜、烧烤、面食、甜羹、水果、主食、饮品等组成,全部展示在餐厅内,由顾客自由挑选,随意享用;为了增强就餐气氛,有时还使用大型食雕、水果、鲜花及艺术品装饰桌面,使得自助餐色彩纷呈,富丽堂皇。

(三)接待标准应客所需

自助餐的接待标准多由举办方根据餐饮主题及经济条件来决定,可高可低,贵贱宜人。用于便饭的自助餐,主要面向普通大众,每位每餐的就餐标准可为几十元;而用作招待会、商务宴会等的自助餐,每位就餐标准可多达上百元。用餐标准不同,其菜品的原料规格、烹制工艺及环境装饰等均有较大差别:高档的自助餐通常选用名贵的动植物食材,山珍海味、名蔬佳果所占比重较大,调理精细,菜式华美,场景壮观;经济型的自助餐,多选用禽畜肉品、普通鱼鲜、四季蔬菜和粮豆制品,制作简易,讲求实惠,荤素兼备。

(四)餐饮接待便捷自如

自助餐的最大特点是顾客自由选菜,自行服务。餐厅只集中提供菜品,不设置固定席位,有的甚至不提供座椅。这种供餐方式,既能充分尊重顾客的饮食需求,让其自由自在,又可节省餐厅空间,免除餐前服务等环节。餐饮企业可根据自助餐的规模,提前做好菜品制作及餐厅布置等准备工作,无论是接待 50 人,还是 500 人,甚至更多,各种菜品都可在开餐之前上桌,没有上菜不及时等后顾之忧,既轻快便捷,又灵活自如。

二、自助餐菜单设计要求

自助餐菜单的设计与制作,受着多种因素的影响与制约,特别是餐饮主题、服务对象、用餐标准、接待规模、菜品特色、节令要求、设备设施、技术水平等,必须逐一考虑周全。

(一)菜品选用要科学合理

确立自助餐菜品,是设计自助餐菜单的关键所在,一定要做到科学合理。选用自助餐菜品,通常是根据主客双方的要求来确定,既要充分考虑自助餐的接待规模、风味特色,又要结合餐厅自身实际,突现主厨的技术专长。特别是消费群体的总体要求和共同嗜好,一定要尽可能地满足。只有合理选用大家都喜爱且都能接受的食品,避免那些过分辛辣刺激、过酸过甜或造型怪异的菜点,才能真正赢得顾客的好评。此外,自助餐的菜品,一般都应适于批量生产,并能放置较长时间;即便是热菜,也应选择适于加热保温并能反复加热的菜肴,以适应顾客需要。

(二)菜品规格要体现接待标准

设计自助餐菜单,一定要根据主办方的订餐标准,结合餐厅的目标毛利率计算出整套自助餐的总成本;根据接待总人数,按照确保客人吃饱吃好的原则,确定自助餐的菜品总量;根据自助餐的菜品构成模式,匡算出每类菜品的大致成本;再根据每类菜品的数量,确定所选菜品的规格档次。具体操作时,要遵循"价实相称、优质优价"的配餐原则;要优先选用物美价廉的特色食材;要兼顾原材料的合理利用;要适当安排造价低但能显示自助餐规格的高利润菜品;要充分考虑剩余食品的合理利用,尽量做到存货尽出;要最大限度地降低损耗,避免浪费。

(三)菜品种类要多种多样

安排自助餐菜品,无论规模大小、菜品多少,其品种一定要多种多样,切忌单调雷同。因为,自助餐的菜式品种越多,顾客选菜的余地就越大,餐饮满意度也就相应提高。为了丰富菜式品种,设计菜单时,应交替使用各式动植物食材,变换菜肴点心的烹调技法,注重菜品色、质、味、形的合理调配,突现部分特色风味食品。只有这样,才能赋予自助餐以生机和活力。

(四)菜品风味要特色鲜明

自助餐的设计与制作,应以特色风味为旗帜。只有菜品特色鲜明,餐饮主题突出,饮食风格明显,才能吸引客人。因此,设计自助餐菜单时,要尽可能选用具有特色风味的菜品,营造出不同风格的就餐氛围;要使菜品的特色风味与餐饮主题相吻合,尽量满足顾客求新求异的需求;要优先推出主厨的拿手菜品,发挥其技术专长;菜品的调制要能顺应季节变化,体现节令的要求;菜品的安排必须符合当地饮食民俗,尽可能地显示地方风情。

三、自助餐菜单设计方法

自助餐菜单的设计应在遵守菜单设计要求的基础上,结合餐厅的实际情况灵活进行。为突出重点,下面仅介绍自助餐的菜式结构以及菜单设计时应着重注意的问题。

(一)自助餐的菜式结构

1. 中式自助餐菜品构成

中式自助餐菜品一般分为冷菜、热菜、汤羹、现场制作、面点、水果及饮品等,具体的菜品数量应因接待标准和就餐人数来确定。其菜品构成情况如下:

序号	类别	菜品数量	菜品配置说明
1	冷菜类	8~30	所占比重较大,有时适当穿插花色冷盘或大型雕刻食品
2	热菜类	5~15	由河鲜、海鲜、畜肉、禽鸟、蛋奶、蔬果等制成,档次相对较高
3	汤羹类	2~4	与冷热菜式干稀配套
4	面点类	2~6	包括点心、主食及风味小吃等
5	现场制作	2~4	场景气氛热烈,菜品一热三鲜
6	水果类	2~4	大多取用鲜果,一般需要分份与造型
7	饮料类	2~4	视主客双方的要求而定

2. 西式自助餐菜品构成

西式自助餐菜品一般分为汤、冷盘、沙律、热盆、客前烹制、甜品与西饼(面包)、水果、饮料等,所选菜品是西式风味菜点。其菜品构成情况如下:

第七章 荆楚风味筵席创新设计研究

序号	类别	菜品数量	菜品示例
1	汤类	1~4	牛尾清汤、罗宋汤、海鲜浓汤
2	冷盘类	2~8	法式鹅肝、烤牛肉片、烟熏鸡胸
3	沙律类	2~6	海鲜沙律、龙虾沙律、鲜果沙律
4	热盆类	6~15	红酒煨牛脯、甜酸排骨、扒葡式辣鸡
5	客前烹制类	1~3	新西兰牛柳、扒鲜大虾
6	甜品与西饼	4~10	牛油餐包、杏仁曲奇、拿破仑饼
7	水果类	2~6	苹果、香蕉、西瓜、菠萝
8	饮料类	2~6	咖啡、可乐、橙汁、红茶

3. 中西混合式自助餐菜品构成

中西混合式自助餐广集中西各式菜点,可满足中西客人共同用餐的饮食需求,一般安排冷菜、小吃、沙律、热菜、客前烹调、面食、汤、甜羹、水果、饮料等。其菜品构成情况如下:

序号	类别	菜品数量	菜品示例
1	冷菜类	6~12	五香牛肉、蒜汁黄瓜、白切鸡
2	小吃类	6~20	椒盐花生仁、蒸玉米笋、美国芝士饼
3	沙律类	2~6	虾仁沙律、河鲜沙律、蔬菜沙律
4	热菜类	6~12	黑椒汁牛排、蒜茸沙丁鱼、海鲜西蓝花
5	客前烹调类	2~4	叉烧小猪、扒鲜大虾、爆鲜鱿
6	面食类	2~10	芒果慕斯蛋糕、巧克力蛋糕、三鲜水饺
7	汤类	2~4	红枣乌鸡汤、排骨冬瓜汤、番茄鸡蛋汤
8	甜羹类	2~6	冰糖银耳、桂花糊米酒、橘子玉米羹
9	水果类	2~6	橙子、香蕉、哈密瓜、苹果
10	饮料类	2~6	牛奶、西柚汁、咖啡、英国红茶

(二)自助餐菜单设计注意事项

1. 明确自助餐的主题

根据餐饮接待主题来划分,自助餐有招待会式、商务宴会式、普通便饭式等形式。主题不同,其菜品构成及特色风味等均有区别,所以设计菜单时应加以考虑。

2. 明确客源的组成情况

顾客是餐饮服务的对象。只有明确客源组成情况,熟悉就餐者的民族、地域、年龄、性别、职业、文化程度、收入水平、风俗习惯、饮食嗜好和禁忌等,才能更好、更有效地满足这些特定宾客的需求。

3. 认真做好菜品的成本核算

设计自助餐菜单,必须认真做好菜品成本核算,综合考虑菜品的原料成本、销售价格及毛利率的大小,着重考察菜品的赢利能力和畅销程度。

4. 注意花色品种的变化

确立自助餐菜品,只有充分考虑原料的多样性、烹法的变换性、色泽的协调性、质感的差异性、口味的调和性和形状的丰富性等多种因素,才可满足顾客求新、求异、求变的心理需求。

5. 符合节令变化的要求

设计自助餐菜单,应根据节令变化选配时令菜品,调配菜品的滋汁和口味。夏秋季节,菜品应清鲜淡雅;春冬季节,菜品应浓厚肥美。

6. 充分考虑企业的生产能力

自助餐菜单的设计,应依据餐厅的生产能力,既要充分利用现有的设备和设施,又要充分考虑厨师的技术水平和烹饪技能。

四、自助餐宴会菜单设计示例

例1,武昌某自助餐酒店春季自助餐菜单(108元/位)

凉菜　　　　　　　　　　Cold Dish

苏式盐水鸭	Baked Duck in Salt
脆椒木耳	Black Fungus with Green Pepper
酱香牛肉	Sauce fragrant Beef
酸菜茴香豆	Sauerkraut Anise Beans
混合冷切肠	Mix Cold Cut Intestines
鸡肉培根卷	Chicken Bacon Volume
凉拌西芹云耳	Celery with White Fungus
热菜	Heating Platen
香辣虾	Fried Shrimps in Hot Spicy Sauce
茶树菇牛柳	Wok – fried Beef Fillet with Mushroom
三色鱼丸	Three – color Fish Ball
宫保鸡丁	Kung Pao Chicken
新西兰羊排	New Zealand Mutton Chop
蒜香排骨	Garlic Fragrant Spareribs
西蓝花炒叉烧	Broccoli Fries Roasts
香菇扒菜胆	Braised Vegetable with Black Mushrooms
面点	Chinese Type Dessert
奶皇包	Steamed Creamy Custard Bun
苹果派	Apple Pie
香炸春卷	Fried Spring Roll
虾仁炒饭	Shrimps Fried Rice
水果	Seasonal Fruit Plate
脐橙	Orange
火龙果	Dragon Fruit
新疆哈密瓜	Xinjiang Hami Melon
西瓜	Watermelon

荆楚风味筵席设计

饮料	Drink
雪碧	Sprite
汇源橙汁	Huiyuan Orange Juice
红茶	Black Tea
青岛啤酒	Qingdao Beer

例2,宜昌某自助餐酒店2013年冬令自助餐菜单(118元/位)

冷菜：

蜜汁叉烧、口水鸡、酱鸭脯、桂花金丝枣、老醋蜇皮、糖醋油虾、蚝汁腰片、红油肚丝、果仁菠菜、楚乡风鱼、椒麻鸭掌、泡椒凤爪、蔬菜沙拉、蒜泥藜蒿、五彩笋丝、果味瓜脯、蒜泥黄瓜

热菜：

白焯基围虾、牛腩芋头煲、酱爆兔丁、脆皮鱼条、红椒海蛏子、干锅鱿鱼仔、梅干菜扣肉、腊味合蒸、京都羊排、鲍汁百灵菇、砂锅狮子头、腊肉炒菜苔、蚝油生菜

汤羹：

野菌土鸡汤、萝卜牛尾汤、银耳马蹄露、红枣百合汤

面点：

白米饭、虾仁蛋炒饭、葱油饼、油炸糕

现场制作：

铁板海鲜、豉椒炒牛柳、蟹黄蒸水蛋、刀削面

水果：

母子脐橙、南国香蕉、新疆哈密瓜

饮料：

可口可乐、雪碧、汇源橙汁、绿茶

第五节　湖北餐饮业筵席创新实践研究

荆楚风味筵席的传承与演变有近2800年的历史,其总的趋势是由粗劣到精巧,由古朴到新潮。这其中,湖北餐饮行业的筵席创新实践对荆楚筵宴的发展起到了极大的推动作用。

筵席创新实践,是指餐饮行业在继承传统的基础上,根据筵席革新原则和要求,利用新技术、新工艺、新设备、新原料等对传统筵宴进行研发、改造、试制和推广,以适应消费者不断变化的饮食需求。荆楚风味筵席的创新实践属于技术创新范畴,它是餐饮企业经营策略的重要内容,是衡量企业管理水平的重要指标。

一、湖北餐饮业筵席创新实践内容

荆楚风味筵席的传承与发展,离不开筵席改革与创新。湖北餐饮行业的筵席创新实践必须顺应现代餐饮发展趋势,符合精、全、特、雅、省的要求,并力求以最小的研发成本取得最好的经济效益。

为把荆楚风味筵席引向快速健康发展的道路,湖北餐饮业应着力加强传统筵席的改革与创新。就其内容而言,主要涵盖6个方面:一是优化筵席结构,减少菜品数目;二是改革食物结构,力求营养均衡;三是更新饮食观念,搞好技术创新;四是提高文化含量,突出宴饮主题;五是突出个性特色,增强竞争能力;六是革新就餐方式,合理选用餐具。

湖北餐饮业在筵席菜品的研发、制作技艺的创新、主题筵宴的设计、餐饮节约的推广等方面作出了诸多努力。湖北的知名餐饮企业,如湘鄂情、小蓝鲸、亢龙太子、湖锦、三五醇、艳阳天、醉江月、梦天湖、楚灶王、楚天卢、桃花岭、新海景等,都设有独立的产品研发部,他们将筵席及筵席菜品的创新实践视作企业长久兴盛的生命线。

二、湖北餐饮业筵席创新实践措施

近些年来,湖北餐饮业对于荆楚筵宴的创新实践主要实施了如下措施。

第一,打造创新实践平台,加强荆楚筵宴研发力度。

为加强湖北菜品及筵宴的研发力度,湖北省先后成立了鄂菜烹饪研究所、武汉地方菜研发中心、湖北省食文化研究会、湖北蒸菜研发中心、武汉商学院鄂菜研发中心等研发机构,主要从事湖北名菜、名点及名宴的认定与研究,申报科技产权保护,研发新型饮食产品,宣传、推广荆楚风味饮食,提高鄂菜的知名度与影响力。

第二,探索筵席创新实践路径,切实提升筵宴质量水平。

为全面提升筵席创新实践水平,湖北餐饮界先后总结出"食用为本、注重营养","关注市场、适应大众","易于操作、务本求实"等筵席创新实践原则以及"实用""时尚""精致""大气"等筵席创新实践目标。鄂菜饮食研发专家余明社大师曾经指出:"实用",是菜品与筵席研发的前提、核心和根本;"时尚",是指鄂式菜品与筵席的研发要与时尚元素有机结合;"精致",是指菜品与筵席的制作技艺应符合精细化标准;"大气",是指湖北菜品与筵席研发既要体现粗犷爽利、古朴雄厚之气,同时又具有自然隽永、风韵飘逸之风。

第三,传承鄂式筵席精品,打造荆楚筵宴品牌。

传承鄂式筵席精品,意在继承和发扬荆楚筵宴特色风味的同时,鼓励、引导和支持餐饮企业不拘传统,大胆创新。目前,湖北餐饮业正进一步提高特色食材在荆楚风味筵席中的选用比例,充分发挥荆楚风味筵席传统烹制工艺之所长,按人们饮食转型的要求,积极借鉴国外及其他菜系的先进工艺,从食材、工艺以及经营策略上做出更多的创新,力争形成既符合绿色、健康、环保要求,又能满足不同层次营养需求的鄂式筵席新体系,如荆楚风味全鱼席、湖北三国文化宴、鄂东文化主题宴、湖北三蒸九扣席、荆楚风味素菜席等。

三、湖北餐饮业筵席创新实践案例赏析

荆楚筵席的创新实践研究顺应了现代餐饮发展趋势,遵循筵席改革发展原则,实施科学合理的研发措施,故而取得了丰硕的研究成果。下面是湖北著名餐饮企业研发的新型筵席及校企合作研发的筵席创新菜品,可供业界同仁赏鉴。

例1,武汉市醉江月饮食服务有限公司的创新筵席。

武汉市醉江月饮食服务有限公司创立于1997年,是武汉新字号餐饮酒店中的知名品牌,曾获"中华餐饮名店""国家五钻酒家""鄂菜十大名店"等荣誉称号。该公司挖掘荆楚饮食文化内涵,开发出颇具特色的创新筵席与菜品。其中,"楚才宴"在全国第十三届厨师节上被评为"中国名宴","醉月纸包骨"和"昭君琵琶鸭"被评为"中国名菜";"开元生肖宴"在第十五届全国厨师节上荣获筵席创新金奖。

附:武汉市醉江月酒店"楚才宴"菜单

类别	序号	造型寓意	菜品名称
冷菜	1	梅	天椒鸡盖骨
	2	兰	盐水浸芥蓝
	3	竹	跳水乳黄瓜
	4	菊	酱烧鲜墨鱼
	5	笔	冰镇鲜露笋
	6	墨	养身龟苓膏
	7	纸	道观素鸡鹅
	8	砚	张飞黑牛肉
热菜	9	琴	伯牙遇知音
	10	棋	乐意在其中
	11	书	御品冬瓜脯

续表

类别	序号	造型寓意	菜品名称
热菜	12	画	灵烩牡丹鱼
	13	惟	牧牛入海烹
	14	楚	楚天一品贡
	15	有	齐天展宏图
	16	才	昭君桃花溪
	17	于	荆楚千湖鲜
点心	18	斯	清水白罗粽
	19	为	寺庙东坡饼
	20	盛	苏轼芥菜粥

席名说明：清嘉庆十七至二十二年（1812—1817年），袁名曜任岳麓书院山长。门人请其撰题大门联，袁以"惟楚有材"嘱诸生应对。正沉思未就，明经（贡生的尊称）张中阶至，众人语之，张应声对曰："于斯为盛。"这副名联就此撰成。上联"惟楚有材"，典出《左传》。原句是："虽楚有材，晋实用之。"下联"于斯为盛"出自《论语·泰伯》"唐虞之际，于斯为盛"。

醉江月饮食服务有限公司的研发团队在深入研究主题风味筵席的同时，融荆楚饮食文化于现代筵宴之中，借用"唯楚有材"等相关典籍佳句、名人名言，结合企业自身实际，推出醉江月酒店"楚才宴"这一宴名。

例2，武汉艳阳天酒店与武汉商学院合作研发筵席菜品。

武汉艳阳天商贸发展有限公司（即武汉艳阳天酒店）创建于1995年，是一家拥有27个餐旅连锁店，年接待中外顾客近千万人次的"中国餐饮百强企业"。在致力于餐饮营销与酒店经营的同时，该公司非常注重企业的规范化管理，现已建立完备合理的培训交流机制、科学规范的产品研发平台，正以人才发展战略为支撑，以产品研发与科技创新为依托，一步一步地走向辉煌。

第七章 荆楚风味筵席创新设计研究

2014年12月19日,武汉艳阳天商贸发展有限公司与武汉商学院正式签订校企合作协议,双方互设"武汉商学院人才培养实训基地""武汉艳阳天商贸发展有限公司人力资源培训基地",合作内容涵盖科技研发创新、教学实习实训及专技人员培训三个方面。

为传承鄂菜经典,打造筵宴品牌,2015年度,两地的研发人员精诚合作,联合探究湖北筵席菜品的制作技艺及风味形成机理,主要研究成果如下:

第一,校企研发人员以湖北筵宴中的风味名菜——瓦罐煨鸡汤为代表,通过一系列理化实验,揭示其风味品质的形成机理。在加热方式对鸡汤风味品质影响的研究中采用瓦罐、铁锅和铝锅分别对鸡汤进行加热,并在不同加热时间条件下,测定鸡汤中的滋味物质含量及感官品质的变化,用以探究加热方式中烹调炊具和加热时间的选择对煨出的鸡汤风味和品质的影响作用。此项研究成果有利于传承鄂菜经典,揭示风味名菜的工艺原理。

第二,校企双方联合从事"荆沙鱼糕制作机理研究"。即以荆南鱼糕席的头菜——荆沙鱼糕为研究对象,通过对其制作要领及形成机理进行探析,实现提升湖北筵宴品质、充实荆楚饮食文化内涵这一目的。

第三,校企双方联合从事"云梦葛粉鱼面加工工艺研究"。在保持鱼面传统特色风味的前提下,选用鄂西特产葛根粉研制葛粉鱼面,探寻其最佳用料配比,研究其流变性质,赋予其饮食保健功能。此研究成果有利于发掘湖北本地的物产资源,提升湖北菜品及筵宴的知名度和影响力。

第四,湖北的家畜类原料在筵席中的应用非常广泛。牛肉上浆工艺与质构特性研究即是运用巴郧黄牛肉制作筵席菜品,以感官评分为指标,通过牛肉上浆工艺的实验,得到牛肉上浆的最佳用料配比及其最佳加工工艺。此研究成果对于提升鄂式家畜菜品的风味品质,丰富湖北筵宴的科技文化内涵具有现实意义。

下面是武汉商学院与武汉艳阳天酒店校企合作研发团队成果汇报展示宴菜单,涵盖了一年来校企合作研发的多款菜品。

荆楚风味筵席设计

附,2015年12月28日,武汉商学院与武汉艳阳天酒店校企合作成果展示宴菜单

透味凉菜

    五香糖醋油虾 橘汁蒜茸木耳
    姜丝醋拌蜇皮 金钩翡翠菠菜

特色热菜

    砂煲荆沙鱼糕 风味水煮牛柳
    百灵菇扒凤翅 干锅香辣鱿鱼
    软炸芝麻藕元 腊肉洪山菜苔
    瓦罐土鸡煨汤

精美主食

    云梦葛粉鱼面 金奖空心麻圆

时令佳果

    秭归母子脐橙

第八章　荆楚风味筵席教学实践研究

荆楚风味筵席教学实践研究涵盖荆楚筵席教学研究、实习实训演练、筵席技能竞技及校园接待筵席研制等内容,它是荆楚风味筵席创新设计研究在教学实践中的具体应用。

第一节　筵席设计课程理实一体化教学研究

为培养高素质、技能型的餐饮业应用人才,我国不少高职院校的烹饪与营养专业结合餐饮企业的岗位设置,开设了筵席设计课程。本课程以筵席及菜单设计为研究对象,着重探究筵席及菜单设计基础、宴会席及便餐席菜单设计实务、筵席生产经营与质量控制等内容。通过教学,使学生学会筵席及菜单设计理论,能够灵活自如地设计各式餐饮菜单,能够解决筵席生产经营与质量控制中的一些实际问题。

为实现这一教学目标,我们结合餐饮企业的工作情境,剖析传统的教学模式,整合与优化教学内容,构建较为合理的课程构架,采用灵活多样的教学方法与手段,努力形成理实一体化的教学新体系。

一、筵席设计课程传统教学模式剖析

从职业技术教育的产生和发展历史来看,我国烹饪技能教育主要有学徒制教育和学校教育两种形式。学徒制教育是一种与手工业相适应的原始教育形

式,没有系统的教学方法可供参考。规范的烹饪技能教育则以职业能力的培养为核心,它强调理论与实践相结合,注重职业能力与素质的培养。

但在传统的职业技术教育中,由于受传统学科教育模式的影响,许多烹饪院校在本课程的教学实践中仍在沿袭传统的课堂教学模式。这种缺乏学生主体参与、主动探索的教学模式,只"注重知识介绍",而"忽视能力培养",缺少直观的实训操作过程,学生往往对所讲的教学内容缺乏感性认识。实施这一"填鸭式"教学模式,束缚了学生的创新思维。

目前,有些学校正在实施"讲授原理(教室)—传授技术(实训室)—训练技能(实习基地)"的分段式教学模式。这种先理论讲授再技能训练的分段式教学模式,虽然增设了实训教学环节,但仍偏重于学科理论体系的完整传授,而轻视实践能力的培养,存在着专业理论教学和实践技能训练互不相干、互相割裂等矛盾。菜单设计理论既超前又宽泛,而筵席制作的生产实践因师资、学时等的限制,无法与相应的理论知识相配套。这种将理论讲授与实操训练截然分开的教学模式,会使学生所学的理论知识不能及时转化为实践技能,难以实现学以致用的教学目的。

二、筵席设计课程实施一体化教学模式的依据

根据职业技术教育的教学规律及具体要求,筵席与菜单设计课程客观上要求将筵席设计理论同筵席生产及餐饮经营相结合,既阐明筵席及菜单设计所涉及的相关原理,更注重培养学生的实际动手能力。

(一)理实一体化教学模式的理论基础

教学模式是指在一定教学思想指导下建立起来的,与一定培养目标相联系的教学程序及其方法的策略体系。从教学实践来看,理实一体化教学模式是指将理论教学和实践教学融为一体,形成一整套包含教学方法、教学手段及教学组织形式的综合教学体系。

关于理实一体化教学模式的理论依据,最具影响的是美国近代著名教育家

约翰·杜威(John Dewey)创建的以"做中学"为基本原则的实用主义教学论体系。该体系注重"从做事情中求学问",提倡采用以活动作业和答疑为主体的教学方法。我国现代著名教育家陶行知先生也曾提倡"教学做合一",这与约翰·杜威的"做中学"原则不谋而合。

德国的职业技术教育走在世界前列。流行于德国的"行为引导型教学法"特别注重学生能力的培养,其核心是要求学生在学习中不只用脑,而且要脑、心、手并用,以提高学生的行为能力。以上都为筵席与菜单设计课程实施理实一体化教学提供了理论依据。

(二)理实一体化教学模式的具体要求

烹饪职业技术教育在教学上的理实一体化,绝不是理论教学和实训演练在形式上的简单组合,而是从学生技能技巧形成的认知规律出发,实现理论与实践的有机结合。

理实一体化教学在教学模式上要求理论讲授与实训演练融为一体。其理论知识的讲授要求以"必需、够用"为原则,强调"实用、适度";技能训练则注重科学、规范,必须突出创新能力。

在教学方法与手段上,以技能训练为中心,配以相关的理论知识构成教学模块。把抽象而枯燥的理论知识科学而有效地转化到实践过程中去,使学生在实践中获得感性认识,并将感性认识自觉地上升为理性认识。

在教师团队的组配上,要求授课教师兼备理论教学和实训演练的双重能力,并应做到优势互补,形成梯队。教师本人既用相关理论指导具体实践,又通过实践操作加深对理论知识的理解。同一位教师要能同时担任理论教学和实习指导工作,并保证二者同步进行。

在教学场所的选择上,要能提供既具备理论教学条件,又能从事实训演练的教学场地。将课堂教学和实训演练有效地结合起来,将实践技能融入课堂教学中,以开发学生的思维能力,锻炼学生的动手能力。

在教材的编写方面,要本着"必需、够用、适度"的原则设置教学内容,要能适应职业性和实践性的特点;其体系架构强调与工作岗位相适应,最好是通过模块式体系来组织教材内容。

在考核体系构建方面,改变闭卷笔试这一传统的考核方法,采用分段式、理实结合的考核方式来检验学生的实际技能水平。考核的内容要有利于教学目标的实现,考核的手段要突现创新精神。

三、筵席设计课程理实一体化教学实践

作为国家级教改试点专业,武汉商学院的烹饪与营养专业多年来一直坚持以职业能力培养为基础,以专业技能教学为核心。本专业所开设的筵席与菜单设计课程先后实施过课堂教学模式、分段式教学模式及理实一体化教学模式。20余年的教学实践表明:筵席与菜单设计课程按照一体化教学要求,构建一体化教学内容体系、打造一体化教学团队、建设一体化实训场所与设施、编写一体化配套教材、形成一体化的教学方法与手段、实施一体化的考核体系,能全面提升学生的综合素质,切实培养学生的实践技能。

(一)建立并实施一体化教学新体系

构建一体化教学体系,是实施一体化教学的前提。为了将筵席与菜单设计的相关知识有机组合,形成模块,并使之环环相扣,层层递进,我们基于厨房工作过程及其岗位工作任务设置课程体系,通过行业调研、专家访谈等形式,明确课程目标及现存问题,整合与优化教学内容,在完善设计理论的基础上强化菜单设计与筵席制作等实操内容,着力构建以工学结合为切入点的课程架构,逐步探索出"理实一体化"的教学新体系。

例如"中式宴会席菜单设计",其一体化教学内容主要有:任务一(公务宴菜单设计)、任务二(商务宴菜单设计)、任务三(人生仪礼宴菜单设计)、任务四(岁时节日宴菜单设计)。我们设计的一体化教学内容体系是:

学习情境:中式宴会席菜单设计		
学习目标		
1.掌握宴会席菜单编制原则　　2.熟悉宴会席菜单编制方法 3.掌握宴会席菜单设计技巧　　4.学会设计各式宴会席菜单		
学习任务		
任务名称	任务主要内容	实训演练
公务宴菜单设计	庆功宴、祝捷宴、迎送宴菜单设计	迎宾宴菜单设计
商务宴菜单设计	开业宴、公关宴、酬谢宴菜单设计	酬谢宴菜单设计
人生仪礼宴菜单设计	诞生宴、成年宴、婚庆宴、寿庆宴、丧葬宴菜单设计	婚庆宴菜单设计
岁时节日宴菜单设计	新年宴、端午宴、中秋宴、团年宴、国庆宴菜单设计	团年宴菜单设计

(二)合理配置理实一体化教学资源

理实一体化教学不同于一般的理论课堂教学,它特别注重教学场地及环境设施。我们的教学场地集多媒体教学、教师示范与学生实训于一体,其设备设施完全能满足教学的需要。按照教学规划,我们还计划把理论讲授、教师示范与学生实训全部安排在仿真厨房里完成。建造的仿真厨房,可按餐饮业厨房的共性特点划分区域档口,以供学生按筵席菜品的工艺流程、菜品类别归口制作。这既能节省教学时间,又有利于培养学生的职业能力。

从理实一体化的要求来看,筵席与菜单设计课程具有综合性强的特点。它需要授课教师具有扎实的理论功底、宽泛的知识底蕴、娴熟的筵席菜品制作能力。因此,我们打造了一支"双师型"教师团队,经常从多个途径探讨理实一体化教学方法,使教学不断迈向新的台阶。

(三)编制理实一体化教材

为适应职业技能教学要求,我们根据理实一体化教学标准,编著了工学结合的模块式教材——《餐饮菜单设计》(旅游教育出版社,2014年5月出版)。本教材在内容的安排上强调与工作岗位相适应,理论知识以"必需、够用"为原则,实践技能则强调科学与规范,尽可能地培养学生的实际动手能力;在典型材料的取舍上,力图将相关研究成果融入课程体系中,以培养学生的应用能力和创造能力;在教材结构的安排上,以酒店工作岗位职责为切入点,避免了理论知识过多过深而忽略了实际应用的不足。

(四)实施理实一体化教学方法与手段

筵席与菜单设计课程实施一体化教学的关键在于如何发挥教师的主导作用,将理论与实践有机衔接,避免理论与实践教学割裂开来,形成"两张皮"的状况,真正使课堂融教、学、做为一体。

1. 提炼自学知识点

出于知识的完整性与系统性的考虑,筵席与菜单设计课程的教材不可避免地包含有纯理论内容。授课教师应当按照"理实一体化"的教学要求,对教学内容做出正确的甄选,把不必要放在课堂上讲授的知识点大胆筛去,以确保授课内容干枝清晰、方向明确。此外,还应把那些一看就懂、一学就会的知识点让学生自主学习。在学习过程中,布置一些能够开发创造性思维的作业题,通过设问、答疑等形式,解决学生自学中产生的困惑。

2. 理论与实践交替授课

理实一体化教学法要求在整个教学环节中,理论与实践教学要交替进行,直观和抽象交错出现,做到理中有实,实中有理,理实互相融通。例如,在讲授套餐菜单设计时,教师可以先粗线条地介绍设计菜单的一般要求,再让学生动手设计简单的菜单。教师通过审阅学生作品发现存在的问题,个别或集中地加以辅导,然后再把时间交给学生,让学生设计出更合理的菜单。如此循环往复,直至学生完全掌握为止。

3. 实行"四六式教学法"

筵席与菜单设计课程特别注重培养学生的动手能力。为实现教学目标,提高教学效率,我们将理论课程拆分,使之与实践操作紧密契合,实施"四六式教学法",让学生"干学结合"。"四六式教学法",用40%的课时传授理论,再用60%的课时进行实践教学,既使学生具备一定的理论素养,又让学生有更多的机会参与实践,有利于提高学生的实践水平。

4.演示与实训相结合

筵席制作,是筵席与菜单设计课程的教学重点与难点。授课教师应根据实践课时量的分配,选取具有代表性的筵席进行实操设计,让学生边学边做。实操的形式大体分为两类,一类是教、学形式,即老师先示范一桌筵席或分段示范筵席菜品,学生根据教学安排分成若干小组进行练习。另一类是学、教形式,即学生团队根据设计理论,先动手制作筵席,并将筵席作品予以展示,供师生互动点评、修改完善。从设计教学情境、教师演示、学生训练、案头指导到作品点评,授课教师都需精心筹划,有效掌控。

(五)改革课程考核方式

根据一体化教学要求,筵席与菜单设计课程的考核方式改革,应当结合餐饮企业真实的工作情境,形成切实可行的课程考核体系,以灵活多样的考核方式检验学习效果和课程学习与企业需要的适应程度。

传统的期末闭卷笔试,改革为分段式、理实结合的考核方式,适当融入抽题问答、抢答、筵席菜品制作等内容。特别是理实结合的考核方式,教师尤其要精心设计与组织,考核应当在仿真厨房里进行,把一个班分成若干个小团队,根据教学中确定的重难点,先由学生按照要求设计出筵席菜单,再由学生自由分工,按照菜品的属性分档口制作。教师在评定考核成绩时应当重点抓住两个方面,一是过程考核。监考教师应当在考试现场巡回打分,打分内容包括服饰、卫生、制作程序、案台与炉台操作状况等。二是结果考核。教师要通过学生提供的筵席菜肴成品,评判菜单设计水平和筵席制作能力。目前,本课程按照一体化教学要求,以分段考核、考教分离的形式进行考试,基本能检验出教学的实际效果。

第二节　武汉商学院筵席设计课程实训作品分析

武汉商学院烹饪与食品工程学院是我国最早开办烹饪专业的特色院系之一。其始终坚持以职业素质教育为基础,以专业技能教学为核心,以管理能力培养为目标的高等职业教育办学方向。学院校企深度合作,产学紧密结合,独创了"个性化'2+1'人才培养模式",形成了"教师'双师素质'重特长,教学'理实一体'重实操,学生'双证融通'重技能"的办学特色。

本院开设的烹饪工艺与营养专业属国家级教改试点专业、湖北省重点专业。建有由餐饮技能与服务实训中心、食品加工生产性实训中心和烹饪技术实训中心构成的国家职业技能实训基地,享受中央财政支持;依托全国30余家大型餐饮企业,分别在上海、杭州、广州、北京、温州、武汉等餐饮业发达地区建有校外实习实训基地。

"筵席设计"属烹饪工艺与营养专业的核心课程之一。本课程旨在培养学生运用筵席与菜单设计理论设计各式筵席菜单的实际操作能力,注重学生职业能力与素质的提升。

一、筵席设计实训考核内容及要求

根据课程教学标准,"筵席设计"课程教学的知识目标是熟知筵席及菜单基本知识,掌握筵席设计相关原理;能力目标是擅长菜品的组配与运用,学会设计筵席菜单;素质目标是培养组织协调能力,确立良好的营销服务理念。为此,本课程将实训考核内容规定为:根据筵席菜单设计理论,结合生产实践实际,设计一份标准化筵席菜单。其具体要求如下:

(1)指导思想:设计者自定筵席主题、接待标准、地方风味、适用季节。

(2)菜单形式:标准化提纲式筵席菜单。

(3)成本分析:介绍同类菜品的总成本、成本比例及分析说明。

(4)营养分析:选料及烹制符合营养卫生要求,菜品配置体现合理膳食原理。

(5)特色简介:介绍筵席构成、特色食材、工艺特色、地方菜点、创意说明、饮食习俗等。

二、筵席设计实训作品赏析

下面是武汉商学院十堰籍学生团队根据上述设计要求于2012年12月完成的筵席设计实训作品——喜结良缘宴菜单设计。

(一)指导思想

婚庆礼是人生仪礼中最受重视的礼俗之一。喜结良缘宴将以新婚贺喜为主题,借宴饮聚餐的欢快气氛,以实现庆婚祝福的目的。筵宴特色将以襄郧地方冬令特色风味为主体,规模26~28桌,每桌成本为500元左右。

(二)喜结良缘宴菜单

凉菜:鸳鸯绘彩蛋(风味鹌鹑蛋)

万顺福满园(郧巴金钱肚)

恩爱永相随(襄郧拼缠蹄)

翡翠满庭园(香醇木瓜条)

热菜:锦绣喜临门(红豆海参煲)

东方展彩凤(笋干烧乌鸡)

黄金铺满地(特色橙香骨)

角逐群龙舞(翡翠明虾球)

红娘织情网(郧阳网油砂)

三星齐报喜(金酱炸三丸)

吉庆有盈余(清蒸槎头鳊)

生辉花满园(花菇扒时蔬)

金砂满华堂(小米银鱼羹)

点心:甜蜜水晶糕(竹溪玉碗糕)

美点同庆贺(菊花枣泥酥)

水果:瑞果迎新人(母子鲜脐橙)

(三)筵席成本分析

计划成本为冷菜70元,热菜380元,点心水果50元,共计500元;成本比例为14%、76%、10%,符合中低档筵席的成本设计要求。

在确定了大类菜品的成本及比例之后,再根据婚宴的设计要求,确定冷菜、热菜、点心和水果等3组菜品的数量,最后考虑具体的菜品品种。这种先定框架后选菜品的设计方法,会使菜单设计工作更显效率。

喜结良缘宴成本构成			
类别	菜品名称	成本合计	百分比
冷菜	风味鹌鹑蛋 郧巴金钱肚 襄郧拼缠蹄 香醇木瓜条	70元	14%
热菜	红豆海参煲 笋干烧乌鸡 特色橙香骨 翡翠明虾球 金酱炸三丸 郧阳网油砂 清蒸槎头鳊 花菇扒时蔬 小米银鱼羹	380元	76%
点心	竹溪玉碗糕 菊花枣泥酥	35元	7%
水果	母子鲜脐橙	15元	3%

(四)筵席营养分析

本筵席菜品选配遵循了广泛选料、就地取材、荤素调配、平衡协调的原则。其最大特色是高蛋白食材、菌笋类素食所占比例较高。全套菜品营养组配合理,基本符合平衡膳食的要求。

在烹制方法上,较多使用蒸、煮、炒、爆、烧、熘等技法,因上浆挂糊,大火快炒,肉类外部的蛋白质迅速凝固,保护了内部营养素不大量外溢,故而减少了营养损失。

(五)筵席风味特色简介

1. 菜式特色

本筵席以襄郧风味菜品为主体,蒸、炒、烧、煮、炖居多,代表菜有清蒸槎头鳊、武当猴头菇、襄郧缠蹄、郧阳网油砂、郧阳炖乌鸡等。菜品入味透彻,软烂酥香,汤汁少,有回味。

2. 筵席结构

本筵席采用了华中地区的上菜格局:冷菜(酒水)—热菜(头菜+热荤+汤菜)—点心(或主食)—水果。头菜选用红豆海参煲,突出冬季筵席的季节特征,凸显婚宴的喜庆气氛,提升了筵席的规格。座汤小米银鱼羹,选用丹江口水库的银鱼作为原料,彰显了当地风味物产。

3. 特色食材

本筵席选用了众多的十堰特产。如水果选用了郧县木瓜,禽类选用了郧阳乌鸡,山珍选用了十堰竹笋、菌菇,畜类选用了郧巴黄牛等。

木瓜营养丰富、百益无害,有"百益果王"之称。郧县盛产木瓜,有"中国木瓜第一大县"之美名。

房县是驰名全国的耳菇之乡,黑木耳、香菇(花菇)的栽培历史悠久。此外,本地的山笋、香椿、蕨菜、薇菜等也很丰富。

郧阳乌鸡,又称"郧阳白羽乌鸡"。有补气养血、调经止带功能,并可治疗心悸。

郧巴黄牛是我国南方优良黄牛品种巴山黄牛的粗壮型，个体较大，肌肉丰满。本筵席选用的郧巴金钱肚，形如蜂窝，质优味鲜，兼具养胃、健体、抗病功能。

4. 名菜美点

作为鄂西婚庆喜宴，本筵席注重选用襄郧、十堰的风味名菜，精品荟萃，特色鲜明。

郧县网油砂外层香脆，中层柔软，吃到嘴里馅味醇甜。

竹溪碗糕有热吃、冷吃两种。热吃用薄竹片将碗糕切成小块，根据个人爱好不同，蘸蜂蜜或辣酱同吃。冷吃，用薄竹片于碗边旋转一周，米糕可整块取出，取出后，放凉即可食用。

清蒸槎头鳊，系襄郧传统风味名菜。据《湖北通志》记载："鳊，即鲂，各处通产，以武昌樊口、襄阳鹿门所出为最"。

襄阳缠蹄红润亮晶，肉质酥嫩适口，佐以姜丝米醋，滋味清香，可与金华火腿、宣威火腿媲美。

5. 宴饮习俗

在湖北十堰地区，贵客登门贺喜，主人要站在门口迎请客人堂屋就座，奉烟、奉茶，并派专人陪伴。茶不斟满，双手奉敬。根据老幼尊卑，依次入席。如筵宴设在堂屋，以神柜方为上，设在横屋、厢房，则以中堂画为上。十堰婚庆宴幽默、诙谐、欢腾、火爆，宴客的礼俗也特别讲究。客人入席就座，主人必须同时作陪，请酒、请菜，当地有"主不请，客不饮"等习俗。婚庆筵席的菜品应为双数，最好是扣八、扣十；菜名宜用吉语，力求"口彩"；盘碗应为红边或金边，配红桌布与红漆筷，上红色果酒；忌讳打破餐具和使用有裂纹的盘碗。宴饮结束，要送客至门外，长辈、贵客应派专人远送，并送上回赠的礼品。

三、筵席设计实训作品点评

以下是授课教师对喜结良缘宴的点评：

喜结良缘宴菜单设计团队能按筵席菜单设计要求，结合生产实践实际，基本上合作完成了湖北十堰婚庆宴的设计。其提纲式菜单符合标准化筵席格式，层次分明，命名隽永；体现了"新婚贺喜、庆婚祝福"这一中心；筵宴的规划成本与实际操作成本相吻合，具备实操可行性；筵宴的地方风味鲜明，较好反映了鄂西的饮食风情；菜品搭配体现了多样化的设计原则，符合合理膳食的营养要求；筵席的特色风味介绍赋有创意。

其不足之处主要是设计规模为26~28桌的鄂西地方风味筵席，其蒸扣菜式较少，没能突现当地最为擅长的技艺。

第三节　全国技能竞赛荆风楚韵筵席之创意设计

2011年6月5日，第三届全国高等学校烹饪技能竞赛在北京落幕。武汉商业服务学院代表队设计与制作的"荆风楚韵筵席"荣获大赛金奖，其筵席菜品分获两枚金牌和两枚银牌。下面是本次烹饪技能大赛的比赛项目、分值和要求，以及本书作者专为此次大赛而撰写的"荆风楚韵筵席之创意设计"。

一、第三届全国高校烹饪技能大赛比赛项目及要求

第三届全国高等学校烹饪技能大赛设团体赛，以学校为报名单位，参赛队人员包括指导老师1名、在校学生5名，共6人。

大赛由筵席设计与制作、筵席解说与答辩两部分组成。

序号	项目	分值设置	总分
1	筵席设计与制作	筵席设计：100分	300分
		筵席制作：200分	
2	筵席解说与答辩	筵席解说：50分	100分
		现场答辩：50分	
总成绩		400分	

荆楚风味筵席设计

（一）筵席设计与制作

1. 筵席设计

参赛队须在报到当天提交一份筵席设计书。筵席设计书包含筵席主题、菜点设计、菜单制作、整体效果说明。设计时应有针对性、准确性、可行性。掌握荤素兼顾、浓淡相宜、营养搭配合理的原则，注意菜单组合编列要协调、恰当，冷热菜、荤素菜比例适中。

2. 筵席制作

参赛队队员共同合作，完成整桌筵席的制作。参赛队自定筵席主题，用餐标准满足 10 人量，原则上不少于热菜 8 道、凉菜 6 道、面点 2 道。

总体要求：筵席主题突出，菜点制作精美，营养搭配合理，具有地方风味特色，体现团队合作。

比赛说明：比赛时间为 240 分钟。选手需提前 30 分钟凭参赛证入场，进行设备调试等准备工作。迟到 30 分钟者不得入场。严禁任何比赛原料进行赛前改刀、入味等处理，如携带预处理原料或食品雕刻作品进入比赛现场，一经发现将取消该队本项菜品成绩，以 0 分计算。

（二）筵席解说与答辩

1. 筵席解说

参赛队完成菜品的展示后，指定一名选手进行筵席解说。筵席整体效果应达到：筵席主题鲜明，菜品组配合理，营养搭配科学，烹饪技法多样。

筵席解说要求：参赛队须对整桌筵席的主题、设计理念、创新思想、菜品风味特点、营养、主要烹饪技法等方面进行介绍。

2. 现场答辩

评判组根据筵席设计方案、成品及实际效果，对参赛队进行提问，提问范围以筵席为主，可以涉及与之相关的营养、文化、历史、艺术等领域。参赛队指定一名或多名队员回答。

3. 比赛说明

现场将提供 2.5m×1.5m 长条桌展台一个,白色底布一块,学校可自带梯形架。展示解说时间控制在 4~5 分钟,参赛队须在评判开始前 15 分钟到位。如无人解说、答辩则视为放弃,筵席解说与答辩环节成绩按 0 分计算。

二、荆风楚韵筵席之创意设计

荆风楚韵筵席是荆楚风味筵席的代表作品之一。本筵席以"荆风楚韵"为主题,按照中档筵席的接待规格,由武汉商业服务学院中国烹饪大师潘东潮老师指导 5 名在册学生设计制作而成。它融汇湖北古今名食之精品,展现了荆楚大地的饮馔风情,显示了鄂菜新秀的精神风貌。

(一)荆风楚韵筵席之设计理念

设计特色风味筵席,必须结合筵席的主题与特色,充分考虑影响菜单设计的诸多因素,明确其设计理念,使用合理的设计方法。具体操作时,一要按需配菜,参考各种制约因素;二要随价配菜,讲究菜品的合理调配;三要因人配菜,迎合宾主的要求和嗜好;四要应时配菜,突出当地的名特物产;五要科学配菜,力争形成平衡膳食。中国著名饮食文化专家陈光新教授曾经指出:特色筵席菜单的设计,必须努力展现筵席的独特个性,充分考虑其民族特色和地方风情;在兼顾宾客口味嗜好的同时,可尽量安排本地名菜,显示独特风韵,以达到出奇制胜的效果。

荆风楚韵筵席的设计与制作,应努力显示楚乡风情。具体的设计理念主要体现在"精、全、特、雅、新"五个方面:

精,指筵席结构简练,菜品排列分为冷菜、热菜、点心(含水果)3 部分,短小精悍,体现湖北地区的上菜格局。

全,指用料广博,菜点组配合理。本筵席在原料的择用、菜点的配置上力求符合平衡膳食的要求,鱼畜禽蛋兼顾,蔬果粮豆并用,烹饪原料的品种齐全,组配合理。

荆楚风味筵席设计

特,指展示地方风情,显现荆楚饮食特色。本筵席尽量安排本地名菜与名点,整桌筵席应以"荆风楚韵"为主题,以显示独特的饮馔风貌。

雅,指注重宴饮环境,强化饮食风情。本筵席从菜品设计、筵宴制作到台面展示,力图将美食与美境和谐统一,使宾客在享受美味的同时,娱乐身心。

新,指筵席的设计与制作务求符合创新要求。第一,本筵席不用明令禁止的保护动物;第二,注重物尽其用的调配原则;第三,菜品的设计力争引领湖北餐饮潮流;第四,反映高职学生的创新能力;第五,筵席制作便捷省时。

(二)荆风楚韵筵席菜单

荆风六凉碟

   寒香 兰芳 高节

   霜彩 含露 仙寿

楚韵八热菜

    福鼎冬瓜甲鱼裙

    琴台珊瑚鳜花鱼

    知音金钱龙凤簪

    沔阳珍珠扣鳝鱼

    荷塘风味炒石鸡

    荆楚招财进宝虾

    桂花八宝长寿球

    游龙戏凤闯天下

楚情双色点

    长阳土家腰鼓酥

    楚城吉祥苹果包

荆乡水果拼

    行吟波涛瓜果颂

(三)荆风楚韵筵席菜品之创意设计

(1)筵席的第一部分是凉菜。它以花中四君子"梅、兰、竹、菊"以及莲荷、水仙为主题,分别拼制成"寒香""兰芳""高节""霜彩""含露"和"仙寿"6味冷碟。开席见彩,引人入胜。

(2)筵席的第二部分是热菜,包括1头菜、6大菜、1座汤。跌宕变化,把宴饮推向高潮。

头菜"福鼎冬瓜甲鱼裙",参照荆州传统风味名菜——冬瓜鳖裙羹创制而成。"新粟米炊鱼子饭,嫩冬瓜煮鳖裙羹",这是宋代荆楚饮食的真实写照。本菜以荆南野生甲鱼为主料,配以时令嫩冬瓜,形成"用芡薄,重清纯,原汁原味,淡雅爽口"之特色。

"珊瑚鳜鱼",系湖北风味名菜之一。"西塞山前白鹭飞,桃花流水鳜鱼肥。"本品以湖北黄石西塞山特产的鳜鱼为原料,经出骨、造型等工艺,焦熘而成。菜品外焦内嫩,油润酸甜,酷似红珊瑚,故名"琴台珊瑚鳜花鱼"。

以龙凤为图腾向来都是荆楚民众的风俗习惯。"金钱龙凤簪"以高汤焖制海参,穿进出骨的凤翅之中,制成楚国妇女常用的"龙凤簪",熟制后排列在豆角制成的竹排上,再辅以类似于古币的"金钱串",成菜色泽明快,香滑适口,表达了湖北人民祝愿各位来宾富贵吉祥的心意。

"沔阳三蒸",系湖北汉沔风味名菜。本品以当地特产黄鳝为主料,辅以珍珠米丸和蔬菜,创制出"沔阳珍珠扣鳝鱼",既保持了传统鄂菜之特色,又兼具创新求变之理念。

荷塘风味炒石鸡:湖北咸宁出产石鸡,其肉质细嫩,味美如鸡,极具清热解毒、补肾益精之功效。本品的设计理念是:精选物料,兼取寓意,以求滋味优美而韵味高洁。

"荆楚招财进宝虾"以湖北特产的湖山龙虾为主料,油焖而成。本品富含蛋白质及钙、磷、铁等多种矿物质,具有壮阳益肾、补精通乳等药用功能;它以元宝状的造型表达了荆楚人民的美好心声。

桂花八宝长寿球:荆楚文化有着浓厚的道家文化气息,崇尚神仙,追求长寿。用武汉东湖的葛仙米、咸宁的糖桂花等名优特产制成"桂花八宝长寿球",

预祝与会来宾长寿安康!

游龙戏凤闯天下:以武汉名特物产鮰鱼制成鱼胶,再余成游龙戏水的造型,辅以黄孝土母鸡煨制的鲜汤,取勇猛无敌之寓意,展现楚人"一飞冲天"的文化特质。

(3)筵席的第三部分是点心与果拼。这是筵席的"尾声",目的是锦上添花,余音绕梁。

"长阳腰鼓酥"以湖北长阳土家族的腰鼓为素材,做成咸点腰鼓酥;"吉祥苹果包"以"平安之果"苹果为主题,制成甜点苹果包。本席之咸甜双点兼顾了荆楚民众的饮食习俗,反映出鄂菜新秀的美好愿景:愿民族团结、盼祖国平安。

行吟波涛瓜果颂:受爱国诗人屈原诗句"后皇嘉树,橘徕服兮"的启发,本队取用湖北特色水果拼制了这份拼盘,取名"行吟波涛瓜果颂",将整桌筵席画上一个完美的句号。

(四)荆风楚韵筵席之鉴赏

荆风楚韵筵席是荆楚风味筵席代表之一,它有如下特色可供鉴赏:

(1)从筵席结构上看,本席安排菜品17道,其中冷菜6道、热菜8道、点心2道、水果1道。上菜程序是冷菜—热菜(头菜+大菜+汤菜)—点心—水果,体现了华中地区的排菜格局。

(2)从原料构成上看,本筵席使用了多种著名特产,如长江鮰鱼、荆南甲鱼、巴河莲藕、湖山龙虾、鄂州白鱼、洪湖黄鳝、咸宁石鸡、随县蜜枣、黄孝老母鸡、东湖葛仙米、咸宁糖桂花、五当山猴头菇。此外,本地的鳜鱼、才鱼、口蘑、独头蒜等也颇耐品尝。

(3)从制作方法上看,它集蒸、焖、烩、炒、熘、炖等多种技法于一体,因料而异,尽现各种烹饪原料之特长;此外,安排较多的鱼鲜制品,也是本筵席的一大亮点。

(4)从筵席菜品的组合程式上看,它讲究菜品之间色、质、味、形、器的巧妙搭配,注重菜品本身的纯真自然,力求味纯而不杂,汤清而不寡,并尽可能地展示当地的特色名菜。如沔阳三蒸、珊瑚鳜鱼、鄂州八宝饭、双味鮰鱼等。

(5)从营养配伍的角度上看,本筵席的主要特色有三:一是在烹调技法的选择上,多运用蒸、煨、烧、焖、汆、烩,注重烹饪温度和加热时间的控制,最大限度地减少了营养素的损失。二是本筵席提供的能量人均 1008 千卡左右,约占轻体力劳动成年男性一日总能量的 42%;其中蛋白质的供能比为 21%,且优质蛋白约占蛋白质总量的 90%,维生素和矿物质也达到了人均一日需要量的 40%。三是符合中医食疗养生学的原理,原料中的甲鱼、鳜鱼、鳝鱼、鲴鱼、牛肉、莲藕等多具滋补作用。

(6)从文化内涵方面看,"荆风楚韵筵席"可理解为荆楚风味特色主题筵席。该席具备"全""品""趣"三大特色。所谓"全",就是做到了名品荟萃;所谓"品",指符合审美情趣;所谓"趣",指美食与美境和谐统一。

第四节　武汉高校后勤集团校园接待筵席研制

校园接待筵席主要是指教学单位、科研院所因教学科研、学术研讨、合作交流、欢庆纪念等有关事务在校园里举办的公务筵席。这类筵席一般都有明确的活动主题、既定的接待标准。筵席的主持人与参与者多以公务人员的身份出现,筵席的环境布置、菜单设计、接待仪程、服务礼节要求与筵席的主题相协调。它注重宴饮环境,强调接待规程,讲究菜品质量,公务特色鲜明,多由校园接待部门来完成。

为探索校园接待工作规律,现以武汉高校校园接待筵席为研究对象,分别对其宴前沟通策划及筵席设计制作要求作一概述。

一、校园接待筵席的沟通与策划

校园接待筵席的成功举办,受着多种因素的影响和制约。其中,首先是筵席的沟通与策划。

(一)餐前沟通

餐前沟通主要是了解和掌握宴请活动的情况,它是筵席策划、菜单设计、筵宴制作和接待服务的基础。餐前沟通的内容主要有:

(1)校园接待筵席的宴饮形式、宴会主题。

(2)筵席的用餐标准(接待规格)、接待要求。

(3)出席宴会的人数及桌数。

(4)筵席的节令、开席时间。

(5)宾客的职业、嗜好。

(6)院校特色以及举办地的风俗习惯。

(7)筵席的相关仪程。

在充分调查的基础上,要对获得的信息材料加以分析研究,为筵席的策划定下基调。

(二)筵席策划

筵席的策划必须服务于宴会的主题,突出接待重点。它必须与来宾的气质相协调,与主办院校的特色相一致。

良好的策划还须展现筵席的特色、体现筵席的个性。这就需要在环境布置、餐室美化、菜单设计、烹饪风格、服务礼节和接待仪程上下足功夫;需要充分利用策划者丰富的想象力。有时,别出心裁的策划工作可以起到超乎寻常的设计效果。

在校园接待筵席的策划过程中,首先要明确的是宴会主题和接待重点;其次是环境布局、礼节仪程、筹办经费、筵席菜单、人力资源和工作程序的策划;最后才是细化的接待方案。

二、校园接待筵席的设计与制作要求

(一)校园接待筵席的设计要求

设计与制作校园接待筵席,除要遵循筵席设计基本原则之外,还需认真考虑如下设计要求：

第一，校园接待筵席作为公务宴会中的一种，其宴会主题必须引起设计者的高度重视，要能做到紧扣主题，突出重点。

第二，设计与制作校园接待筵席，必须着重考虑重要宾客的饮食嗜好和餐饮要求，投其所好，避其所忌。特别是招待高级专家，应注意安排清淡素雅、易于消化的各式菜品。

第三，筵席规格要符合接待标准，原料选用要突出地方物产，菜式品种要丰富多彩，制作技法要扬餐厅厨师之所长。

第四，筵席菜品的设计既要兼顾地方传统风味，又要体现创新求变要求，即要做到应时而变。

第五，筵席菜品必须做到冷热、荤素、咸甜、浓淡、酥软、干稀的相互调和。要考虑其营养组配是否合理，是否利于消化，便于吸收。

(二)校园接待筵席的制作要求

校园接待筵席成功与否，菜品的生产起着决定性作用。明确筵席菜品的制作要求，有利于确保筵席质量，有助于校园接待工作取得成功。

1. 目标性要求

目标性是筵席菜品生产设计的首要要求。它是生产过程、生产工艺组成及其运转所要达到的阶段成果和总目标。校园接待筵席的菜品生产目标，是由品种指标、产品指标、质量指标、成本指标、利润指标、技术指标等技术经济指标组成的。其菜品生产设计，必须首先明确目标，保证所设计的生产工艺能有效地实现目标要求。

2. 集合性要求

集合性是指为达到筵席生产目标要求，合理组织菜品生产过程。通过集合性分析，明确校园接待筵席生产任务的轻重缓急，确定菜品生产工艺的难易繁简程度和经济技术指标，合理分解筵席生产任务，组织生产过程，并采用相应调控手段，保证生产过程的运转正常。

3. 协调性要求

协调性是指从筵席菜品生产过程总体出发,明确规定各生产部门、各工艺阶段之间的联系和作用关系。校园接待筵席的菜品生产需要各生产部门的合作与协调,各工艺阶段、各工序之间的衔接和连续,以保证整个生产过程中,生产对象始终处于运动状态,没有不必要的停顿和等待现象。

4. 平行性要求

平行性是指筵席菜品生产过程的各阶段、各工序可以平行作业。这种平行性的具体表现是,在一定时间段内,不同品种的菜肴与点心可以在不同生产部门平行生产,各工艺阶段可以平行作业;一种菜肴或点心的各组成部分可以单独地进行加工,可以在不同工序上同时加工。

5. 标准性要求

标准性是指筵席菜品必须按统一的标准进行生产,以保证菜点质量的稳定。标准性是校园接待筵席菜品生产的生命线。有了标准,就能高效率地组织生产,生产工艺过程就能进行控制,成本就能控制在规定的范围内,菜品质量就能保持一贯性。

6. 节奏性要求

生产过程的节奏性是指在一定的时间限度内,有序地、有间隔地输出筵席菜品。筵席活动时间的长短、顾客用餐速度的快慢,规定和制约着生产节奏性、菜品输出的节奏性。设计中要规定菜品输出的间隔时间,同时又要根据宴会活动实际、现场顾客用餐速度,随时调整生产节奏,保证菜品输出不掉台或过度集中。

在上述各种要求中,目标性是筵席菜品生产的首要要求;集合性保证了生产任务的分解与落实;协调性是要求生产部门发挥整体的功能;标准性是筵席菜品生产设计的中心,是目标性要求的具体落实;平行性和节奏性是对生产过程运行的基本要求,是对集合性和协调性的验证。

三、武汉高校后勤集团校园接待筵席赏析

根据校园接待筵席餐前沟通策划及筵席设计制作要求,现列出武汉商学院

烹饪技术实训中心和华中科技大学后勤集团设计的两例校园接待宴菜单,可供赏鉴。

例1,武汉商学院烹饪技术实训中心冬令迎宾宴菜单

透味凉菜

   手撕爽口鳜鱼   笋瓜醋拌蜇皮

   五香糖醋熏鱼   金钩翡翠菠菜

特色大菜

   奶汤野生甲鱼   云腿芙蓉鸡片

   砂煲黄陂三合   蟹味双黄鱼片

   软炸芝麻藕元   原烧石首鮰鱼

   芦笋蚝油香菇   腊肉红山菜苔

精美靓汤

   孝感太极米酒   瓦罐萝卜牛尾

美点双辉

   老谦记炒豆丝   五芳斋煮汤圆

时令茶果

   南国时果拼盘   恩施玉露香茗

筵席设计说明:本筵席由国家一级评委涂建国大师主持设计与制作。作为武汉商学院分管烹饪技术实训工作的负责人,他努力培养学生的创新精神、职业素质和专业技能,规范实训教学管理,探索校企合作长效机制,建立联动网络平台,曾获"中国烹饪大师金爵奖"。本筵席是为接待中国烹饪协会的专家领导,于2011年12月在武汉商学院烹饪技术实训中心推出的,获得了好评。

例2,华中科技大学后勤集团秋令接待宴菜单

凉菜:

   蚝油拌香菌   透味鱿鱼仔

   麻香烤小排   糖醋泡藕带

热菜：

  上汤鲷鱼肚　　　　杭椒爆牛柳

  板栗焖仔鸡　　　　蒜爆鲜鳝花

  蟹茸芙蓉蛋　　　　珍珠糯米圆

  鲜莲炒菱米　　　　葱烧武昌鱼

汤菜：

  米酒小汤丸　　　　老鸭润肺汤

点心：

  鸿运葱煎包　　　　如意南瓜饼

  筵席设计说明：华中科技大学坐落在武汉的中国光谷腹地，与烟波浩渺的东湖相依。自1998年实施后勤社会化改革以来，学校的餐饮服务工作实现了跨越式飞跃，现已形成接待筵席、特色餐饮、美食广场、风味小吃、中式快餐五大业态齐头并进的良好局面；每天可为近10万师生提供400多种质优价廉的主副食品种，尤其是简约型的校园接待筵席，获得了良好的社会效益和经济效益。

  关于校园接待筵席的研制，该校后勤集团饮食服务总公司曾作出如下总结：

  第一，创新餐饮经营模式。按照特色化、规模化经营的指导思想，开展餐饮环境改造、饮食结构调整和进餐模式创新，大大提高市场占有率和竞争力，使校园接待筵席在全国高校中独领风骚。

  第二，调整传统筵宴的饮食结构。既兼顾鄂地的饮膳风情，又不崇尚虚华。以"少而精、少而专、少而特"代替"多而杂、多而乱、多而差"，以满足人们"吃口味，吃营养，吃特色"的消费要求。

  第三，提升餐饮文化品位。在明确宴会主题和接待重点的同时，规范筵席菜品的工艺标准，拓展筵宴的饮食文化内涵，调配筵席膳食营养，注重宴饮就餐环境，让校园接待筵席成为校外来宾及校内师生"吃环境、吃文化、吃健康"的一种享受。

附录一 作者相关论文索引

- 学术论文:承制乡村家宴之探究

  原载《武汉商业服务学院学报》,2008 年第 2 期,独撰。
- 学术论文:农民工的膳食调理浅析

  原载《消费导刊》,2008 年 4 月,第一作者。
- 学术论文:旅游包餐菜单设计

  原载《中国食品》,2008 年 5 月,第一作者。
- 学术论文:烹饪技能教学现存的问题与对策

  原载《中国职业技术教育》(中文核心期刊),2008 年 8 月,独撰。
- 学术论文:武汉汪集鸡汤盛极而衰的思考

  原载《武汉商业服务学院学报》,2009 年第 3 期,独撰。
- 学术论文:湖北民间宴席研究

  原载《中国商界》,2010 年 9 月,独撰。
- 科普论文:怎样做好会议餐

  原载《餐饮世界》,2010 年 10 月,独撰。
- 学术论文:人生仪礼宴菜单设计浅析

  原载《中国商界》,2010 年 11 月,独撰。
- 科普论文:湖北民间特色宴席鉴赏

  原载《餐饮世界》,2010 年 11 月,第一作者。
- 学术论文:浅论校园接待宴席的研制

  原载《管理学家》,2011 年 7 月,第一作者。

□学术论文:辩证看待食物相克 努力倡导膳食平衡

原载《四川烹饪专科学校学报》,2011年第5期,独撰。

□学术论文:高校学生食堂成本核算与控制

原载《今日财富》,2011年10月,独撰。

□学术论文:浅论中国元素中的筷箸文化

原载《扬州大学学报》(中文核心期刊),2012年6月,第一作者。

□学术论文:中华年节筵席菜单设计探析

原载《中国东盟博览》,2012年6月,独撰。

□学术论文:中式套餐菜单设计分析

原载《四川烹饪专科学校学报》,2013年第4期,独撰。

□学术论文:荆风楚韵筵席之创意设计

原载《商品与质量》,2013年6月,独撰。

□学术论文:浅论自助餐菜单设计

原载《商品与质量》,2013年9月,独撰。

□学术论文:加热方式对鸡汤风味品质影响的研究

原载《食品科技》(中文核心期刊),2013年10月,第一作者。

□学术论文:浅论中国菜的传承与创新

原载《医食参考》,2013年9月,独撰。

□学术论文:寺观素菜传承与发展研究

原载《武汉商学院学报》,2013年10月,独撰。

□学术论文:荆沙鱼糕制作机理浅析

原载《中国调味品》(中文核心期刊),2014年1月,独撰。

□学术论文:青鱼鱼面面团的流变性质研究

原载《食品科技》(中文核心期刊),2014年9月,第一作者。

□学术论文:云梦葛粉鱼面用料配比研究

原载《食品科技》,2014年10月,第一作者。

- □ 学术论文:筵席菜单设计课程理实一体化教学探索

  原载《现代企业教育》,2014年11月,第一作者。

- □ 学术论文:顺应餐饮发展趋势 努力革新传统筵席

  原载《中外食品工业》,2014年12月,独撰。

- □ 学术论文:牛肉上浆工艺与质构特性研究

  原载《食品研究与开发》(中文核心期刊),2015年4月,第一作者。

- □ 学术论文:湖北黄冈文化主题宴设计研究

  原载《荆楚学刊》,2015年4月,独撰。

- □ 学术论文:荆楚风味全鱼席设计探析

  原载《四川旅游学院学报》,2015年5月,独撰。

- □ 学术论文:加工方式对葛粉鱼圆风味品质的影响研究

  原载《食品研究与开发》(中文核心期刊),2015年8月,第一作者。

- □ 学术论文:湖北三国文化宴设计探析

  原载《武汉商学院学报》,2015年10月,独撰。

- □ 学术论文:传统中餐筵席浪费诱因探析及革新对策

  原载《食品安全导刊》,2015年11月,第一作者。

- □ 学术论文:葛粉鱼面加工工艺研究

  原载《食品研究与开发》(中文核心期刊),2015年12月,第一作者。

附录二　作者研究项目一览

□《湖北民间特色宴席研究》(2009)10-147

　　武汉市教育科学规划项目,2009.11—2011.03,主持。

□《筵席与菜单设计课程教学改革与实践研究》(2011B384)

　　湖北省教育厅教育科学规划项目,2010.11—2014.12,主持。

□《湖北筵席文化研究》(2012G346)

　　湖北省教育厅人文社会科学研究项目,2012.03—2015.06,主持。

□《湖北淡水鱼鲜特色烹制技艺研究》(2012G015)

　　武汉商学院教育科学规划项目,2011.07—2012.12,主持。

□《校园接待宴席研制》(2010G023)

　　武汉商业服务学院教育科学规划项目,2010.04—2011.12,参与。

□《钟祥长寿宴的研制》(2013G014)

　　武汉商业服务学院教育科学规划项目,2010.06—2014.12,参与。

□《湖北饮食文化研究》(13g586)

　　湖北省教育厅人文社会科学研究项目,2011.09—2015.12,参与。

□《中国筷箸文化的探索与思考》(2011Jyte172)

　　湖北省教育厅人文社会科学研究项目,2011.09—2013.06,参与。

□《传统面塑继承与开发的研究》(2011B372)

　　湖北省教育厅教育科学规划项目,2010.10—2014.12,参与。

□《烹饪营养课程教学改革与实践》(2010119)

　　武汉市教育局教科研规划项目,2010.10—2013.06,参与。

□《节约型餐饮与中餐筵席创新设计研究》(CC14SW02)

　　四川省教育厅科学应用与技术研发类重点项目,2014.07—,主持。

□《幼儿园学生膳食调配与制作研究》(CXY201411)

　　武汉市属高校产学研项目,2014.10—,主持。

□《湖北传统名菜文化传承研究》(2014Y013)

　　武汉商学院教育科学规划项目,2014.07—,主持。

□《湖北潜江"油焖大虾"酱料的研发与应用研究》(CXY201412)

　　武汉市属高校产学研项目,2014.10—,参与。

□《农村留守老人膳食营养调查与饮食调配研究》(201511654008)

　　湖北省教育厅大学生创新创业项目,2015.10—,指导老师。

参 考 文 献

[1] 陈光新.中国筵席宴会大典[M].青岛:青岛出版社,1995.

[2] 陈光新.中国餐饮服务大典[M].青岛:青岛出版社,1999.

[3] 陈光新.烹饪概论[M].北京:高等教育出版社,2005.

[4] 陈光新,王智元.中国筵席八百例[M].武汉:湖北科学技术出版社,1987.

[5] 任百尊.中国食经[M].上海:上海文化出版社,1999.

[6] 丁应林.筵席设计与管理[M].北京:中国纺织出版社,2008.

[7] 周妙林.菜单与宴席设计[M].北京:旅游教育出版社,2009.

[8] 沈涛,彭涛.菜单设计[M].北京:科学出版社,2010.

[9] 周宇,颜醒华.宴席设计实务[M].北京:高等教育出版社,2003.

[10] 邵万宽.创新菜点开发与设计[M].北京:旅游教育出版社,2004.

[11] 杜莉,姚辉.中国饮食文化[M].北京:旅游教育出版社,2005.

[12] 贺习耀.餐饮菜单设计[M].北京:旅游教育出版社,2014.

[13] 邵万宽.菜单设计[M].北京:高等教育出版社,2008.

[14] 李勇平.餐饮服务与管理[M].大连:东北财经大学出版社,2002.

[15] 张水芳.餐饮服务与管理[M].北京:旅游教育出版社,2012.

[16] 贺习耀.宴席设计理论与实务[M].北京:旅游教育出版社,2010.

[17] 吴克祥.餐饮经营管理[M].天津:南开大学出版社,2004.

[18] 冯玉珠.烹调工艺学[M].北京:中国轻工业出版社,2007.

［19］［清］袁枚.随园食单［M］.北京：中国商业出版社，1984.

［20］潘东潮，魏峰.中华年节食观［M］.武汉：湖北科学技术出版社，2012.

［21］湖北省商务厅.中国鄂菜［M］.武汉：湖北科学技术出版社，2007.

［22］方爱平.宴席设计与管理［M］.武汉：武汉大学出版社，1999.

［23］茅建民.主题筵席设计与制作［M］.北京：中华书局，2012.

［24］余彦文.鄂东名物风味辑览［M］.武汉：湖北科学技术出版社，1986.

［25］湖北省商务厅.鄂菜产业发展报告［M］.武汉：湖北科学技术出版社，2014.

责任编辑：郭珍宏

图书在版编目(CIP)数据

荆楚风味筵席设计／贺习耀著．--北京：旅游教育出版社，2016.4

ISBN 978-7-5637-3357-6

Ⅰ．①荆… Ⅱ．①贺… Ⅲ．①宴会—设计 Ⅳ．①TS972.32

中国版本图书馆 CIP 数据核字（2016）第 066193 号

荆楚风味筵席设计

JINGCHU FENGWEI YANXI SHEJI

贺习耀 著

出版单位	旅游教育出版社
地　　址	北京市朝阳区定福庄南里 1 号
邮　　编	100024
发行电话	（010）65778403 65728372 65767462（传真）
本社网址	www.tepcb.com
E-mail	tepfx@163.com
排版单位	北京旅教文化传播有限公司
印刷单位	北京京华虎彩印刷有限公司
经销单位	新华书店
开　　本	710 毫米×1000 毫米　1/16
印　　张	15.5
字　　数	205 千字
版　　次	2016 年 4 月第 1 版
印　　次	2016 年 4 月第 1 次印刷
定　　价	36.00 元

（图书如有装订差错请与发行部联系）